中国地质大学(武汉)实验教学系列教材
中国地质大学(武汉)实验技术研究经费资助

机械制造生产实习及夹具设计

JIXIE ZHIZAO SHENGCHAN SHIXI JI JIAJU SHEJI

徐林红　韩光超　刘富初　吴来杰　编著

图书在版编目(CIP)数据

机械制造生产实习及夹具设计/徐林红等编著.—武汉:中国地质大学出版社,2023.4
中国地质大学(武汉)实验教学系列教材
ISBN 978-7-5625-5514-8

Ⅰ.①机… Ⅱ.①徐… Ⅲ.①机械制造-实习-高等学校-教材 Ⅳ.①TH16-45

中国国家版本馆 CIP 数据核字(2023)第 038941 号

机械制造生产实习及夹具设计	徐林红 韩光超 刘富初 吴来杰 **编著**
责任编辑:周 旭　　　　选题策划:毕克成 张晓红 王凤林	责任校对:徐蕾蕾

出版发行:中国地质大学出版社(武汉市洪山区鲁磨路388号)	邮编:430074
电　　话:(027)67883511　　　传　　真:(027)67883580	E-mail:cbb@cug.edu.cn
经　　销:全国新华书店	http://cugp.cug.edu.cn
开本:787 毫米×1092 毫米　1/16	字数:236 千字　印张:8.25　插页:4
版次:2023 年 4 月第 1 版	印次:2023 年 4 月第 1 次印刷
印刷:武汉市籍缘印刷厂	
ISBN 978-7-5625-5514-8	定价:32.00 元

如有印装质量问题请与印刷厂联系调换

目 录

第1章 绪 论 (1)
1.1 生产实习的目的和要求 (1)
1.2 生产实习的内容与方式 (3)
1.3 生产实习考核和管理 (5)

第2章 发动机及其典型零件加工 (7)
2.1 发动机工作原理 (7)
2.2 缸体加工 (10)
2.3 曲轴加工 (16)
2.4 连杆加工 (23)

第3章 变速箱箱体的加工 (29)
3.1 东风汽车变速箱的结构 (29)
3.2 变速箱体的加工 (31)

第4章 圆柱齿轮加工 (39)
4.1 齿轮的技术要求 (39)
4.2 齿坯的技术要求与毛坯 (39)
4.3 齿轮的机械加工工艺过程及分析 (41)
4.4 齿形加工的夹具 (47)

第5章 典型机械加工工艺及装备 (51)
5.1 车削加工及车床 (51)
5.2 铣削加工及铣床 (59)
5.3 磨削加工及磨床 (66)
5.4 组合机床 (71)
5.5 激光加工及装备 (75)
5.6 增材制造及装备 (80)

第6章 装配工艺 (88)
6.1 装配工艺概述 (88)
6.2 发动机装配 (91)

 6.3 变速器装配 ……………………………………………………………………（97）
 6.4 汽车总装 ………………………………………………………………………（97）
 6.5 丰田 8A-FE 发动机拆装实验 …………………………………………………（98）
第 7 章 机械制造工艺学课程设计 ……………………………………………………（101）
 7.1 课程设计的目的及内容 ………………………………………………………（101）
 7.2 机械加工工艺规程的设计方法和步骤 ………………………………………（103）
 7.3 机床夹具设计的方法及步骤 …………………………………………………（107）
 7.4 机床夹具的制作 ………………………………………………………………（116）
参考文献 ……………………………………………………………………………………（117）
附录 1 铸件毛坯成形条件及成形精度 …………………………………………………（118）
附录 2 机械加工工艺过程卡 ……………………………………………………………（119）
附录 3 机械加工工序卡 …………………………………………………………………（120）
附录 4 常用定位夹紧示意符号 …………………………………………………………（121）
附录 5 典型平面夹紧形式实际所需夹紧力（或原始作用力）的计算公式 …………（123）
附录 6 夹具中常用的定位元件的典型配合 ……………………………………………（125）
附录 7 夹具体结构正误分析 ……………………………………………………………（126）
附录 8 夹具体中容易出现的错误 ………………………………………………………（127）
附录 9 课程设计产品图 …………………………………………………………………（128）

第1章 绪 论

机械产品的制造过程是指从原材料投入生产开始到产品生产出来准备交付使用的全过程(图 1-1)。它是在现代企业管理的条件下由生产技术准备、毛坯制造、机械加工(热加工和冷加工)、热处理、装配、检验、运输、储存等一系列相互关联的劳动过程所组成的。生产实习环节就是让学生到生产现场认识和了解机械产品制造全过程的相关内容。

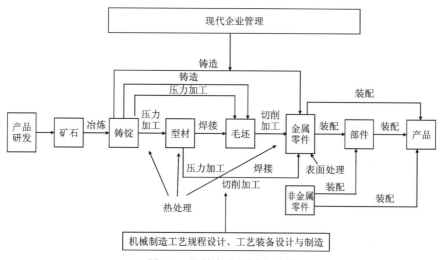

图 1-1 机械产品的制造过程

1.1 生产实习的目的和要求

1.1.1 生产实习的目的

生产实习是高等院校各种工科类专业培养方案中的一个重要实践性教学环节,是学生建立工程意识,获得工程实践知识的必要途径。同时,生产实习不仅能使学生了解社会、接触生产实际、增强责任感和劳动观念,还可培养学生独立意识和团队协作能力,初步获得本专业的生产技术和管理知识,并为后续课程学习直至毕业设计增强感性认识。

(1)在生产现场对机械产品从原材料到成品的生产过程观察,使学生建立对机械制造生产基本过程的感性认识,并为后续专业课的学习、课程设计和毕业设计打下良好的基础。同时,还可开阔学生的专业视野,拓宽专业知识面,了解专业的国内外科技发展水平和现状。

(2)培养学生在生产现场中调查研究、发现问题的能力,以及理论联系实际,运用所学知识分析问题和解决问题的能力。

(3)到生产企业进行较长时间(一般3~4周)的学习和生活,让学生了解社会,接近工人;分组实习、讨论等活动,使学生树立实践观点、劳动观点,培养他们独立工作和团队协作的能力与意识。

1.1.2 生产实习的要求

要达到以上实习目的,学校(学院)应从思想上高度重视生产实习的组织和管理,切实实施实习计划。除此之外,还应从以下3个方面对生产实习提出具体要求。

1. 对实习地点(企业)的要求

1)实习内容

实习地点(企业)生产任务应较饱满,可满足生产实习大纲要求。企业具有大、中型规模,拥有较多类型的机电一体化设备,生产技术较先进。企业的实习培训部门有一定的接纳能力和培训经验,有进行实习指导的工程技术人员,同时能提供较充足的图纸资料等技术文件。

2)安全生产

应选择管理规范,有较强的安全生产意识的企业。

3)实习经费

为节约经费,应选择生产实习综合费用较低,且实习师生生活较方便的企业。

为扩大学生的知识面,可同时选择内容有关或互补的几个大、中型企业。例如,东风汽车有限公司商用车发动机厂正是满足以上要求的最佳实习地点之一。

2. 对实习指导教师的要求

(1)实习指导教师应具有较强的责任心,教学认真,身体健康。实习中要强调思政育人,加强对学生进行思想教育。

(2)实习指导教师应具有一定的专业理论知识和较强的实践能力,可指导学生撰写实习日记、实习报告等。实习结束后,对学生实习成绩给出实事求是的评定。

(3)实习指导教师应具有较强的组织、协调和社交能力,应作为学生的良师益友,关心学生的实习、生活等。

(4)实习结束后,实习指导教师应及时全面地对本次实习作出总结。

3. 对学生的要求

(1)明确实习要求,认真学习生产实习大纲,提高对实习的认识,做好思想准备。

(2)认真完成实习内容,按规定收集相关资料,写好实习日记,认真撰写实习报告,不断提高分析问题和解决问题的能力。

(3)虚心向实习现场的工人和技术人员学习,尊重知识,敬重他人。

(4) 自觉遵守学校和实习单位的有关规章制度,服从指导老师的管理,养成良好的习惯,切实注意自身安全。

(5) 同学之间在学习和生活上应团结协作、互相关心、互相帮助。

(6) 及时整理实习笔记、报告等,按规定时间和要求提交实习日记、实习报告等。

1.2 生产实习的内容与方式

1.2.1 生产实习的内容

机械制造生产实习是对机械产品的制造全过程进行实践性教学,由于室外部分的实习时间较短,应尽量选有代表性的典型零部件加工工艺进行实习。本实习以汽车发动机和变速箱作为典型产品,要求了解其结构、用途、技术要求、在汽车或拖拉机上的位置、装配调试方法;汽(柴)油发动机中的缸体、曲轴、连杆、凸轮轴;变速箱中的轴、箱体、齿轮、同步器的机械加工工艺过程及其所用的机床、夹具、刀具、量具等。

1. 了解工厂概况

了解工厂的组织机构及生产管理系统,工厂的历史、现状及发展规划,工厂主要产品的性能、用途、生产纲领、产品销售情况。

了解工厂的规模及厂区车间布局,厂内运输、物料的存储,职工与技术人员构成状况,工艺与设计的关系,并进行安全保密教育。

2. 机械加工工艺实习

了解零件的结构特点、各表面的加工技术要求,零件在部件或产品中的位置及功用;要求在笔记本上绘制零件草图;了解工件材料、毛坯制造方法、毛坯热处理、毛坯技术要求、毛坯总加工余量,并绘制毛坯草图。

了解零件的机加工工艺过程及主要加工工序;合理选择各工序的定位面、夹紧面;了解夹具的结构及动作原理,分析各元件所限制的自由度;要求在记录本上绘制夹具草图,标出所限自由度。

检验工序所用的量具,并对专用量具绘出草图,记录量具型号;了解典型工序的切削用量、加工余量、加工精度、表面粗糙度、技术要求及保证这些要求所采取的措施。

3. 加工装备实习

了解组合机床及其自动线的特点和应用范围以及自动线的工作循环和控制系统;绘制组合机床自动线的布置简图;了解自动线中工件上、下料,安装及运输,随行夹具,机械手等。

了解各工序使用的机床名称、规格、型号、主要技术参数,机床能实现的加工运动及加工范围;了解典型机床、刀具的结构特点,绘制结构草图。

了解数控机床、加工中心的型号、加工特点,以及机床的主要组成部分、基本结构、数控编程。

4. 热处理车间的实习

了解热处理车间的设备以及安排热处理工艺(淬火、回火、正火、退火、渗碳、渗氮、氰化、高频淬火、喷丸等)的目的、方法、工艺过程;重点了解渗碳淬火的工艺过程以及热处理中的缺陷及防止措施。

5. 装配工艺实习

了解变速箱、发动机、汽车或拖拉机总装的装配方法、装配工艺过程、装配工具,以及装配线结构、布局、检验和试运行,绘出布局草图。

6. 其他厂的参观

除定点厂的实习之外,还应安排参观一些有制造加工特色的工厂,根据实习经费和时间情况灵活安排。

1.2.2 生产实习的方式

生产实习应有主有次,以互补的实习方式进行,一般由以下几种实习方式组成。

1. 现场实习

现场实习是学生进行生产实习的主要方式,学生应根据规定的内容认真进行实习。深入现场,仔细观察,认真分析,阅读资料和图样,向现场工人和技术人员请教,与同学、指导教师讨论,并作好归纳总结,将实习感受记入实习日记。实习日记是检查和考核实习单元成绩的重要依据之一。

2. 参观实习

教师应根据教学需要组织学生参观相关企业,形成与现场实习企业互补的局面。重点了解不同生产类型企业的生产特点、设备等,以开阔学生视野。

3. 专题报告和专题讲座

应在现场实习和参观实习之间适当安排专题讲座和专题报告。专题讲座和专题报告要请企业生产与管理方面的工程技术人员与专家来进行,主要内容包括:

(1)企业概况、产品介绍、生产安全防护等方面的专题报告。

(2)典型零件的制造工艺分析、质量管理、夹具设计、刀具设计、设备剖析与技术工作经验介绍等专题技术报告。

(3)企业管理、企业文化等专题报告。

4. 专题讨论

在教师的指导下组织学生对一些零件典型的制造工艺或工装夹具结构进行讨论,加强学生对问题的认识。教师主要讲授分析问题、认识问题的基本原理和基本方法,尽量采用实习中的内容,理论联系实际,进一步促进学生能力的提高,引导学生深入实习。

5. 阅读实习教材、相关参考书和现场图样资料

实习教材是学生实习过程中进行预习、复习和自学的主要资料。

学生还应参考一些已学习过知识的相关资料,如互换性和技术测量、机械加工工艺、金属工艺学、金属材料与热处理等方面的参考书,以加深认识并了解相关知识在生产现场的应用。

现场图样资料和工艺文件是生产现场直接用于指导生产的技术性文件,也是学生应该学习的重要实践资料。在取得企业方同意的前提下,借阅企业方的图纸、资料和文件,认真阅读这些资料文件是深入实习的重要途径。

6. 实习日记与实习报告

实习中,教师应根据现场实习的内容要求学生完成每天的实习日记。每个实习单元结束时至少应检查一次,也可要求学生完成单元实习报告一次,作为考核实习单元成绩的重要依据之一。

生产实习结束后,学生应按要求完成一个总的实习报告,内容应为实习的主要内容和体会,它是考核实习成绩和实习效果的重要依据。

1.3 生产实习考核和管理

1.3.1 实习成绩评定

根据学生的实习报告、工艺设计说明书、实习态度、实习纪律综合评定成绩。按百分制评定成绩,不及格者应自费重修。

1.3.2 实习流程

(1)指导教师下达课程设计图纸,以便学生在实习中有针对性地收集资料。
(2)指导教师与实习企业一起组织学生听报告或专题讲座。
(3)现场实习,在指导教师指导下按加工过程逐步实习,阅读实习教材,要求边观察边作记录。
(4)专题讨论,由指导教师就工艺过程、工艺装备或夹具结构等提出问题,组织学习讨论。
(5)编写实习报告及工艺设计。

校外实习后还要求根据本实验教材进行箱体零件的机加工工艺设计和夹具设计。

各班分成4个小组,每组分发一套变速箱零件图,对图纸和技术要求、表面粗糙度进行分析。

编写该零件的机械加工工艺过程说明书;确定各加工表面的余量,选择铸造方法,绘制毛坯图;每人编写一个主要工序的工序卡,设计该工序的夹具,绘制夹具总装图,写出机械加工工艺过程设计说明书。

各小组采用3D打印方式制备所设计的夹具结构实习模型,并进行展示和答辩。

编写实习小结,内容包括校内外实习的收获、体会及改进实习的建议。

1.3.3　生产实习纪律与管理要求

(1)整个实习期间,所有学生都要服从指导教师的安排,遵守学校和实习企业有关规定,认真学习,切实注意安全。

(2)严格遵守实习企业的一切规章制度,主要有门卫制度、技术安全制度、安全生产制度、卫生制度和作息制度等。

(3)说话文明,举止礼貌,尊敬师父、工程技术人员和管理人员。

(4)实习期间不得无故迟到早退,应按通知时间提前在指定地点集合参加实习,21:30前回到寝室,并配合指导教师的查寝工作。

(5)进入实习企业或其他参观企业,不得穿短裤、凉鞋、拖鞋、高跟鞋、背心等不符合安全防护规定的服装,应按企业规定戴安全帽。

(6)严禁在实习企业或其他参观企业内吃零食、吸烟、乱扔垃圾、随地吐痰、嬉闹及其他不文明行为。

(7)未经许可,不得到设定参观、学习区域以外的其他生产现场、重要危险区域和办公区域;不得擅自动用实习企业或其他参观企业的任何设备、设施。严禁随意动机床或其他设备的按钮。未经许可,严禁用手触摸任何工件。

(8)严禁打架、斗殴、酗酒,严禁赌博,严禁外宿或留宿他人。

(9)严禁到河沟、水库、池塘洗澡、游泳,严禁攀爬野山。

(10)爱护公共财物、保持室内环境清洁卫生。

(11)不允许擅自离开实习驻地,实行请、销假制度,休息日也不得无故离开实习所在市区,不允许单独外出。

(12)如确有原因需要外出,须事先向指导老师请假,返回实习队后向指导教师销假。

(13)违纪者实习队将视其情况给予处理,或停止其实习,送回学校,再由学校、学院进行处分。

实习纪律必须做到学生人人皆知,实习前在学校举行的实习动员会上必须明确宣讲,并且每人签署一份实习安全协议。在实习期间必须严格遵守实习纪律,随时检查违纪情况,如有违纪现象应立即处理,如有必要可在实习队大会上宣布处理结果。

第 2 章　发动机及其典型零件加工

2.1　发动机工作原理

汽油发动机是汽车中的关键部件,汽车性能的好坏与发动机有很大的关系。东风汽车集团有限公司[原第二汽车制造厂(简称二汽)]的载重汽车 EQ-140 型汽车(EQ—二汽生产的汽车;1—汽车种类,为载重汽车;4—汽车特征代号,载重量 4t 左右;0—该厂生产此种汽车第一种车型)是以 EQ6100－I 型汽油发动机作动力的(6—汽缸数;100—气缸直径为 100mm;I—第一次重大改型),额定功率为 99kW。汽油发动机结构图如图 2-1 所示,纵剖视如图 2-2 所示,横剖视如图 2-3 所示。

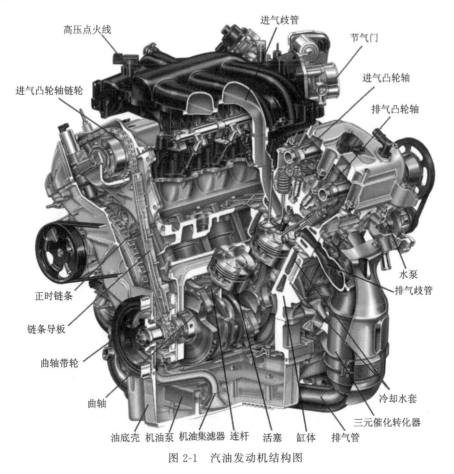

图 2-1　汽油发动机结构图

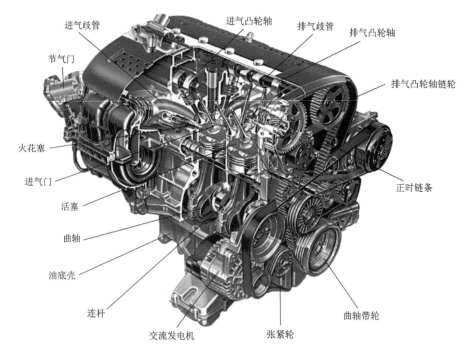

图 2-2 汽油发动机纵剖图

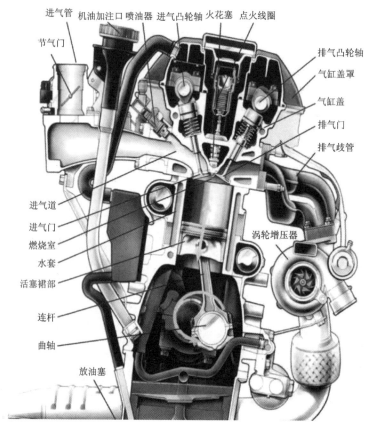

图 2-3 汽油发动机横剖图

2.1.1　四行程汽油机的工作过程

汽油发动机是经化油器把汽油与空气混合雾化以后吸入气缸,进行压缩并且用火花塞点火,使之呈爆炸式燃烧发出热能,经活塞推动连杆把动力送给曲轴,由曲轴输出动力而进行工作的。

四冲程发动机一个工作循环包括进气、压缩、膨胀和排气4个行程。

进气行程:活塞从上止点向下止点移动,活塞下移使气缸内形成真空,这时进气门打开,排气阀关闭,将可燃混合气体吸入气缸。

压缩行程:活塞从下止点向上移动,对可燃气体进行压缩,此时进、排气门都关闭,使气缸内压力和温度升高。

膨胀(做功)行程:在压缩接近终点时,电火花点燃气体放出大量热。由于进、排气门都关闭,高压气体推动活塞做功。

排气行程:由飞轮惯性推动曲轴旋转,带动活塞上移,排气门打开,废气排出。

六缸发动机各缸轮流点火做功,曲轴每转1/3转便有一缸做功。

2.1.2　汽油发动机的组成

发动机的组成形式有多种,具体构造不完全一样,但都包括下列机构和系统。

1. 发动机机体和曲柄连杆机构

机体是发动机的基础和骨架。曲柄连杆机构将气体压力对活塞的推力变成曲轴扭矩或将曲轴扭矩变成对活塞的推力。它既是往复式发动机的传力机构,又是实现工作循环的结构,包括活塞、连杆、曲轴、飞轮等机件。

2. 供油系统及配气机构

供油系统将汽油与空气按一定比例混合后准时送至气缸。它包括空气滤清器、汽油滤清器、油箱、汽油泵、化油器等。

3. 润滑系统

润滑系统将润滑油送至各摩擦表面进行润滑,有减摩、冷却、润滑、防锈等作用。润滑系统包括机油泵、限压阀、润滑油路、集滤器、机油滤清器等。

4. 点火系统

点火系统按照各缸的点火顺序定时地供给火花塞高压电(15 000～20 000V)使火花塞打开,以便点燃被压缩的工作混合气体,使汽油机做功。它包括蓄电池、发电机、火花塞、配电器、电流表。

5. 冷却系统

燃烧产生的热量使发动机许多零部件温度升高,若温度过高会使零件强度下降甚至失效,所以必须有冷却系统。它包括水箱、风扇、水泵、节温器、水温表、机体水套等。但温度也不宜过冷,否则会使汽油燃烧不完全导致耗油增加、污染增加、输出功率减少。

6. 起动装置

静止的发动机须借助外力运转起动后才能转为正常工作。起动装置包括蓄电池、直流电动机、起动齿轮(飞轮)等。

2.2 缸体加工

2.2.1 缸体的主要技术要求

气缸是内燃机总装的基准零件,通过气缸把内燃机的许多零件、组件、部件连接成一个整体。它的结构很复杂,内部有冷却水腔和油道,有许多安装平面的安装孔,还有很多螺栓孔、油孔、清砂孔等。气缸的加工质量将直接影响发动机的装配质量和使用性能,因此气缸的加工质量技术要求也很高。以 EQ6100-I 气缸为例,其主视图如图 2-4 所示。图中对顶面、底面、缸套孔、曲轴孔、凸轮轴孔等都有严格的要求。

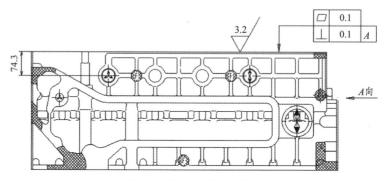

图 2-4 发动机气缸主视图

1. 平面的技术要求

(1)顶面平面度小于等于 0.1mm,且在 100mm 长度内小于等于 0.4mm,表面粗糙度 $Ra3.2$。
(2)底面平面度小于等于 0.2mm,且在 100mm 长度内小于等于 0.05mm,表面粗糙度 $Ra3.2$。
(3)前端面和后端面平面度小于等于 0.1mm,表面粗糙度 $Ra3.2$。

这些平面都是重要装配面,顶面平面度较差会漏气、漏水,影响发动机功率甚至导致其无法工作。底面平面度差则会漏油,润滑油不足,导致摩擦面得不到充分润滑冷却而烧死。且缸体底面是大多数表面和孔加工的定位基准面,精度低也会影响其他表面和孔的精度。

2. 孔的尺寸精度、形状位置精度及表面粗糙度

曲轴各主轴承座孔直径为 $\phi80H7$，相互之间的同轴度小于等于 0.03mm，相邻主轴承座孔的同轴度小于等于 0.01mm，表面粗糙度 $Ra1.6$；各凸轮轴承孔直径为 $\phi55H7$，其同轴度小于等于 0.06mm，表面粗糙度 $Ra3.2$；气缸孔直径为 $\phi105$mm，圆柱度小于等于 0.2mm，表面粗糙度 $Ra1.6$，加入缸套后气缸孔直径为 $\phi100$mm，圆柱度小于等于 0.01mm，表面粗糙度 $Ra0.4\sim0.6$；挺杆孔直径为 $\phi27$mm。另外，孔与孔、孔与平面都有比较高的位置精度。

2.2.2 缸体的材料及毛坯制造

气缸是汽车中最复杂的零件，它不仅有许多加工精度要求很高的表面，而且有复杂的内腔，由于受力大且复杂，外部与内部有很多加强筋。

由于灰铸铁有很好的耐磨性、减振性以及良好的铸造性、切削性且价格比较低廉，所以箱体类零件大都采用灰铸铁。EQ6100-Ⅰ型发动机缸体毛坯采用 HT200 材料，硬度为 163～255HBS。

气缸的造型相当复杂，在大批量生产中往往采用金属模机器造型，其复杂的内腔通常由几个型芯组合而成。

2.2.3 缸体的机械加工工艺过程及主要工序分析

在拟定工艺过程时应考虑先面后孔、粗精分开、工序适当集中等原则。大批量生产气缸体的平面和孔的加工顺序，基本上是按粗精加工平面→粗精加工孔的顺序进行的，即先粗精加工底平面、前后端面、推杆室窗口面等，再粗精加工各孔。但由于顶面质量影响其与缸盖的结合程度，技术要求高，为避免机加工过程中的夹紧变形和运输过程中可能碰伤而将顶面精加工放在主要孔精加工之后进行。大批量生产气缸体的主要机械加工工艺过程如表 2-1 所示。

表 2-1 大批量生产气缸体加工工艺过程

工序号	工序名称及内容	设备
1	检查毛坯	
2	粗拉缸体 6 个面	大拉床
3	粗铣缸体底平面	X526 立铣床
4	钻、铣底面工艺孔	双工位钻铰组合机床
5	粗铣前后端面	
6	精铣前后端面	
7	铣固定空气压缩泵、发动机支架各凸台面、油泵台面	专用机床
8	粗、精铣主轴承孔各面	双面铣床
9	钻传动轴孔、顶深面孔、机油泵孔	组合机床
10	扩凸轮轴孔、前后出砂孔	组合机床

续表 2-1

工序号	工序名称及内容	设备
11	钻挺杆孔、出水孔	组合机床
12	钻前后面、顶面各螺孔	组合机床
13	钻缸盖定位销孔	组合机床
14	钻其他各面孔	组合机床
15	中间检查	
16	第一次镗气缸体(上半)	专用立式镗床
17	第一次镗气缸体(下半)	专用立式镗床
18	第二次镗气缸体(6个)	专用立式镗床
19	半精镗缸套底孔(6个)	专用立式镗床
20	精镗缸套底孔	专用立式镗床
21	缸体分组及压缸套	油压机
22	中间检查	
23	粗、精拉主轴承盖结合面	组合机床
24	钻主轴承盖结合面孔及攻丝	组合机床
25	将瓦盖装入主轴承座	
26	第一次精镗主轴孔、凸轮轴、孔凹座	组合机床
27	压凸轮轴衬套	
28	精镗主轴孔(包括凹座)、凸轮轴衬套孔	组合机床
29	粗车第四轴承止推面	专用机床
30	精车第四轴承止推面	专用机床
31	珩磨曲轴轴承孔	
32	扩挺杆孔	组合机床
33	粗镗挺杆孔	组合机床
34	精镗挺杆孔	组合机床
35	铰挺标孔	组合机床
36	精镗缸套孔(6个)	专用机床
37	珩磨缸套孔(6个)	专用机床
38	精铣缸体顶平面	立式专用铣床
39	压堵盖及水压试验	
40	最终检验	

2.2.3.1 定位基准的选择

1. 粗基准

选择粗基准时应满足两个基本要求：一个是使以后加工的各表面(特别是主要加工面)都能得到均匀的余量；另一个是保证装入机体的运动件(如曲轴、连杆等)与机体不加工的内壁有足够的间隙。加工气缸体所用的粗基准,应保证曲轴主轴承孔、气缸孔、凸轮轴孔等加工余量均匀及其相互位置精准。这是因为通常平面加工精度较易保证,而精度要求较高的各主要孔精度及相互位置精度较难保证,所以保证孔的精度尤为重要,通常选两端曲轴主轴承孔和一个气缸孔作粗基准(图2-5)。

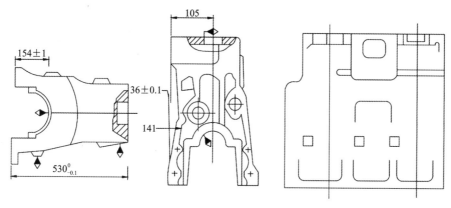

图 2-5 缸体加工的粗基准

由于缸体形状复杂,铸造误差较大,铸件表面不平整,若一开始用粗基准定位加工大面积平面,则会因切削力大、夹紧力大使工件变形。同时因工件表面粗糙不平,工件切削时也容易松动。因此常采用面积小但分布较远的几个工艺凸台作为过渡的精基准,在粗基准作为精基准的底面时,常以4个工艺凸台作定位基准,如图2-5所示。若工艺凸台铸造质量较高,也可直接使用。

2. 精基准

由图2-4可知,气缸的底面是顶面、上止口面、主轴承对口面和曲轴主轴承孔的设计基准,以底面作粗基准符合定位基准与设计基准重合的原则。另外为了达到6点定位,加工2个16H8的工艺孔定位,这样在以后绝大多数工序中都采用一面两孔定位,符合基准统一的原则。由于基准统一,统一了夹具,简化了夹具制造,降低了夹具成本,适合于自动线加工。使用2台四工位的组合铣床进行顶面和底面的精加工,使用1台钻铰组合机床完成2个定位孔的加工。

2.2.3.2 缸体的外面表加工

缸体需加工的外表面有顶面、底面、窗口面、半圆面、锁口面、对口面等组成的成形表面,如图2-6所示。传统工艺采用镗铣工艺,需用12台镗铣床。二汽改用往复式拉削使生产效率大大提高,同时设备投资少,加工质量稳定。目前世界上只有五大汽车厂使用此方法。该拉床示意图如图 2-7 所示,采用侧面往复拉测方式,用于粗半精加工缸体底面、锁口面、对口面、半圆面、顶面、窗口面。该拉床总质量达 230t,拉力为 45t,拉测速度为 5~35mm/min,当拉测速度为 5mm/min 时单件节拍为 72s。该拉床能实现自动上料和夹具翻转,零件定位夹紧及拉削后夹具翻转、松开、卸下工件等动作全部自动进行。

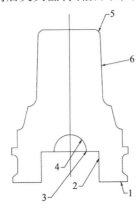
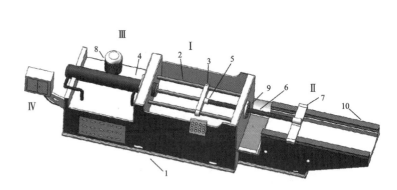

1.底面;2.锁口面;3.对口面;
4.半圆面;5.顶面;6.窗口面。

图 2-6 EQ6100-1 型汽油机外表面示意图

Ⅰ.拉削机构;Ⅱ.辅助机构;Ⅲ.液压结;Ⅳ.电控部分;1.床身;2.主溜板导轨;3.主溜板;4.主油缸;5.卡刀体;6.拉刀;7.辅溜板;8.电动机;9.夹具;10.辅溜板导轨。

图 2-7 卧式双向平面拉床示意图

该拉床自动工作循环如下:第一工位夹具装卸料位置,送料机将工件推至第一工位夹具内,工件定位夹紧,然后第一工位夹具翻转至加工位置并锁紧。刀具台由左向右正向拉削底面、对口面等。正向拉削之后,第一工位夹具翻转至起始位置。夹具松开工件,工件被送至龙门内侧的翻转装置内,将工件翻转 180°然后送至第二工位夹具内定位夹紧。第二工位夹具翻转至加工位置并锁紧,刀具台由右向左反向拉削顶面及窗口面。反向拉削过后,第二工位夹具翻转至起始位置,夹具松开工件,输送工件至滚道,完成一个工件的拉削加工。

该拉床拉削精度:气缸底面平面度在 50mm 长度内小于等于 0.05mm,在全长上小于等于 0.1mm;顶面平面度在 50mm 长度内小于等于 0.05mm,在全长上小于等于 0.2mm;所有加工的尺寸精度为±0.15mm,表面粗糙度 $Ra6.3$~3.2。由于底面是后面工序的主定位面,拉削之后还安排了粗铣工序。

2.2.3.3 气缸套孔加工

由于气缸套孔技术要求高,需要进行多次加工。在压缸套之前进行了 2 次粗镗、半精镗、精镗共 4 道工序的加工。第一次粗镗是为了平衡自动线节拍,用了 2 台专用镗床,分别镗缸套底孔上半部和下半部。由于切削用量小、生产率较低,自动线按"山"形路线走向,便于平衡生产节拍。

在压缸套后又进行了一次精镗和珩磨。珩磨工序由双轴珩磨机进行,以工作台移动实现 1—4、2—5、3—6 缸孔的珩磨顺序。珩磨时由上下运动的油缸和珩磨头胀缩油缸及珩磨头旋转等复合运动形成一定交叉的珩磨网纹,以增加表面耐磨性,提高尺寸精度,减少表面粗糙度。

双轴珩磨机工作原理如图 2-8 所示。珩磨头上装有 6 条金刚石珩磨条,同时还有自动测量装置,配有6条导向条。珩磨分粗珩和精珩。粗珩油压为15～20kg/cm²,有6条金刚石珩磨条工作,粗珩达到预定尺寸时撤消粗珩压力进行精珩。精珩压力为3～5kg/cm²,由珩磨头胀缩油缸工作,进行小平顶珩磨,精珩3～5min。精珩可剃去2μm的尖峰,形成平整的网纹,表面积支承比可达6%,提高了耐磨性。珩磨头结构如图2-9所示。

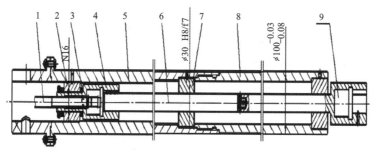

1.推拉杆;2.铜套;3.推力轴承;4.螺纹套;5、8.珩磨条;6.芯轴;7.铜套;9.传动套。

图2-8 双轴珩磨机工作原理

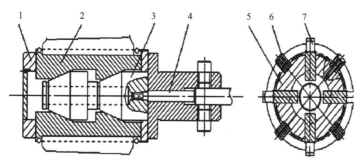

1.端盖;2.油石座;3.锥度芯轴;4.拉杆;5.珩磨体;6.支承条;7.油石。

图2-9 珩磨头的结构示意图

2.2.3.4 曲轴孔和凸轮轴孔加工

加工曲轴孔轴承座两侧面时,采用8把盘铣刀同时加工几个侧面以提高生产率,加工示意图如图2-10所示。

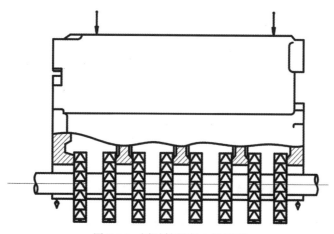

图2-10 同时铣削各主轴承座

加工曲轴孔和凸轮轴孔采用双轴卧式镗床同时镗削各个孔。为了保证镗杆轴线的同轴度,采用了多个导向套支承,以增加镗杆刚度。导向套结构如图 2-11 所示。

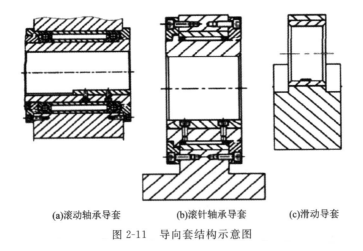

(a)滚动轴承导套　　(b)滚针轴承导套　　(c)滑动导套

图 2-11　导向套结构示意图

精镗之后进行曲轴孔珩磨。珩磨是在立式珩磨机上进行的,工序示意图如图 2-12 所示,珩磨头采用前后双支承导向来保证各孔的同轴度。珩磨头与机床采用浮动连接。立式珩磨可减少因珩磨头自重而产生的加工量不匀和因摆差引起的喇叭形误差,提高工件精度。

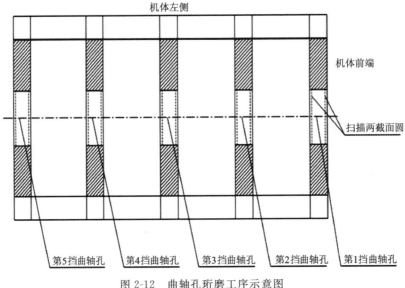

图 2-12　曲轴孔珩磨工序示意图

2.3　曲轴加工

2.3.1　曲轴的组成及功用

曲轴主要由主轴颈、连杆轴颈、曲柄、曲轴前端和曲轴后端等 5 部分组成,其结构如图 2-13

所示。该曲轴有 6 处连杆轴颈和 7 处主轴颈,并由 12 块曲柄连接。各连杆轴颈相对主轴颈轴心在圆周方向上错位 120°。该曲轴长径比为 12,曲柄半径大,轴向、径向刚性都差。

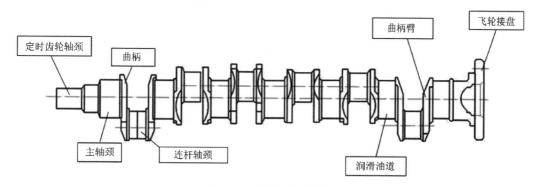

图 2-13 曲轴结构示意图

1. 主轴颈

曲轴通过主轴颈支承在主轴承上旋转。主轴颈的数目主要是考虑保证曲轴有足够的强度和刚度。EQ6100-I 型汽油机同轴属于全支承结构,即主轴颈数目为 7 个。一般工作负荷重的都采用全支承。

2. 连杆轴颈(曲柄销)

曲柄销与连杆大头孔相连,在连杆轴承中转动,数目等于气缸数。曲柄销与主轴颈受力大、转速高,要求润滑充分。所以有油道通向主轴颈,再由主轴颈通向柄销,进行强制性润滑。

3. 曲柄

曲柄连接主轴颈与曲柄销,是曲轴上受力最复杂、结构最薄弱的环节。曲柄形状通常呈矩形或椭圆形。由于与主轴颈和曲柄销连接处形状突变,应力集中严重,曲轴往往易在此处断裂,为减少应力集中,一般设有过滤圆角。圆角过小不能减少应力集中,过大又使轴承承压面积减少。为了平衡曲柄旋转的惯性力,需在曲柄上安装与曲柄销方向相反的平衡块。

4. 曲轴前端(自由端)

曲轴前端装有正时齿轮和三角皮带轮,分别用以驱动喷油泵、配气机构、机油泵、风扇、水泵等部件。为防止机油外漏,在曲轴前端装有挡油盘,在正时齿轮室盖处装有油封。

5. 曲轴后端(功率输出端)

曲轴后端有飞轮连接盘,用于连接飞轮。为防止机油外漏引起离合器打滑,在曲轴后端设有回油螺纹。螺纹方向与曲轴旋转方向一致,以便工作时将曲轴上的机油引回到曲轴箱内。

2.3.2 曲轴的技术要求

(1) 全部主轴颈和连杆轴颈尺寸精度为 IT6,圆柱度不低于 6 级,表面粗糙度 $Ra0.32$。

(2) 用第 1、第 7 主轴颈支承时第 4 主轴颈的圆跳动不低于 8 级;全部连杆轴颈相对于主轴颈轴线在任意方向上的平行度公差为 5~6 级。

(3) 连杆轴颈轴线至主轴颈轴线的曲柄半径公差为 IT10~IT11,各连杆轴颈之间的角度公差为 $\pm 30'$。

(4) 各连杆轴颈及主轴颈与轴肩端面连接圆弧面表面粗糙度 $Ra0.4 \sim 0.8$。

(5) 各连杆轴颈的轴肩端面的表面粗糙度 $Ra0.4 \sim 0.8$。相对于主轴颈轴线连线的端面圆跳动公差不低于 8 级。止推端面(第 4 主轴颈开挡,轴向设计基准)的表面粗糙度 $Ra0.4$。

(6) 油封轴颈及轴承孔的精度为 IT7~IT8,表面粗糙度 $Ra0.4$,径向跳动 7~8 级。

(7) 正时齿轮轴颈和皮带轮轴颈精度为 IT7,表面粗糙度 $Ra0.8$。

(8) 主轴颈及连杆轴颈需表面热处理,硬度不小于 HRC46,淬火深度 1.5~4mm。

(9) 曲轴需径动平衡处理,平衡精度优于 10gmm/kg,并需经探伤检查。

2.3.3 曲轴的材料与毛坯

曲轴材料可用优质碳素结构钢、合金钢及球墨铸铁等。二汽采用含铜球铁,性能赶上世界先进水平。铜可细化晶粒、稳定珠光体、提高强度。与锻钢曲轴相比,球铁曲轴不需要大型锻造设备(45 钢整体锻造六缸曲轴需用万吨锻压机),生产工艺简单,铸造性能和切削性能好,节省钢材,成本低。球铁曲轴具有较高的强度,缺口敏感性低,抗震性和耐磨性也好,不需正火处理,毛坯变形小。

曲轴毛坯在铸造厂铸造,铁水加稀土镁球化处理,流动性比镁球铁提高 30%,加入铜后又提高 10%。在快浇快冷条件下也极少出现缩孔缩松缺陷。

2.3.4 曲轴的机械加工工艺过程及分析

曲轴的机械加工工序很多,其重要工艺过程如表 2-2 所示。

表 2-2 曲轴加工重要工艺过程(大量生产)

工序号	工序内容	定位基准	设备
1	铣端面,钻中心孔	第 1、第 7 主轴颈及止推端面	铣钻组合机床
2	车主轴颈及轴肩端面	中心孔	数控车床
3	铣(1)和(12)曲柄臂上工艺定位面	第 1、第 7 主轴颈及两端连杆轴颈	专用机床
4	在平衡块外圆		专用机床
5	车连杆轴颈及轴肩端面	第 1、第 7 主轴颈,止推端面及工艺定位面	连杆轴颈车床
6	在法兰上钻、铰工艺孔	中心孔及连杆轴颈	专用机床
7	铣回油螺纹	第 7 主轴颈及皮带轮轴颈	专用机床

续表 2-2

工序号	工序内容	定位基准	设备
8	在连杆轴颈上钻直孔	第2、第6主轴颈,止推端面及工艺定位面	组合钻床
9	在第1、第2、第3、第4、第5、第6、第7主轴颈上锪球窝	第1、第7主轴颈,止推端面及工艺定位面	组合钻床
10	钻深油孔(第3、第5主轴颈)	同工序8	深孔组合钻床
11	钻深油孔(第2、第6主轴颈)	第3、第5主轴颈,止推端面及工艺定位面	深孔组合钻床
12	钻深油孔(第1、第7主轴颈)		深孔组合钻床
13	清洗		
14	中间检查		
15	中频淬火		
16	中间检查并热校正		
17	半精磨第4主轴颈及轴肩	两中心孔	曲轴磨床
18	半精磨第2、第6主轴颈及轴肩	两中心孔	双砂轮架曲轴磨床
19	半精磨第1、第5主轴颈及轴肩	两中心孔	双砂轮架曲轴磨床
20	半精磨第3、第7主轴颈及轴肩	两中心孔	双砂轮架曲轴磨床
21	中间检查		
22	磁力探伤		磁力探伤机
23	精磨连杆轴颈	第1、第7主轴颈,法兰端面及其上工艺孔	曲轴连杆轴颈磨床
24	中间检查		
25	精磨第4主轴颈及轴肩	中心孔	曲轴磨床
26	精磨第1主轴颈和齿轮、皮带轮轴颈	中心孔	端面外圆磨床
27	精磨第2、第3、第4、第5、第6主轴颈及轴肩	中心孔及法兰上工艺孔	曲轴磨床
28	精磨第7主轴颈及轴肩	中心孔	曲轴磨床
29	精磨油封轴颈	中心孔及法兰上工艺孔	曲轴磨床
30	抛光油封轴颈		抛光机
31	精磨法兰外圆	中心孔及法兰上工艺孔	曲轴磨床
32	中间检查		
33	铣齿轮轴颈和皮带轮轴颈上键槽	第7主轴颈,皮带轮轴颈,I连杆轴颈及齿轮轴颈端面	键槽铣床
34	两端孔加工	第1、第7主轴颈,I连杆轴颈及1主轴颈轴肩	四工位组合机
35	中间检查		
36	去外刺		
37	动平衡		QDX-I自动线

续表 2-2

工序号	工序内容	定位基准	设备
38	校直		油压机
39	倒角、去毛刺		
40	精车法兰端面及退刀槽	第 7 主轴颈,皮带轮轴颈及法兰内端面	车床
41	扩镗、铰轴承孔,去回油螺纹毛刺	第 7 主轴颈外圆、端面及皮带轮轴颈	专用机床
42	粗抛光各轴颈及圆角	法兰外圆、端面及小头中心孔、法兰上定位孔	曲轴油石抛光机
43	精抛光各轴颈及圆角	同工序 42	曲轴砂带抛光机
44	清洗		清洗机
45	最终检查		

2.3.4.1 定位基准的选择

由于曲轴结构复杂,长径比大、刚性差,且精度要求高,除需轴向定位和径向定位外,还需要周向定位,因而需要径向基准、轴向基准和角向基准。

1. 径向基准

两端中心孔或主轴颈外圆。加工主轴颈及其他同轴线轴颈都采用中心孔作精基准,符合基准重合与基准统一的原则。连杆轴颈外圆表面作径向精基准,可使曲轴支承,刚性好,受力变形小,夹紧牢靠。

2. 轴向基准

用止推轴肩端面和顶尖孔。大部分加工工序均选用顶洒孔作轴向精基准,符合基准统一的原则。但由于顶尖孔轴向定位精度不高且采用定宽砂轮,靠火花磨削加工和自动测量,其轴向尺寸精度则取决于磨前加工精度和操作者的操作技巧以及自动测量的精度。连杆轴颈的轴向尺寸精度要求比主轴颈高,因此在预加工连杆轴颈时,通常选用作为轴向设计基准的止推轴肩端面(第 4 主轴颈开档)作轴向定位基准,符合基准重合原则。

3. 角向基准

在曲轴法兰端面上钻铰一工艺孔 $\phi 140_{0}^{+0.019}$ 作角向定位基准。

2.3.4.2 工艺过程的拟定

1. 各主要表面的加工方法

主轴颈　　车—淬火—粗磨半精磨—精磨—超精磨—抛光。
连杆轴颈　　车—淬火—粗精度—超精磨—抛光。
连杆轴肩端面　　车—粗精磨。

2. 曲轴的大致加工过程

(1)铣端面,钻中心孔(加工径向轴向定位基准)。

(2)粗加工主轴颈及轴肩端面。

(3)在第5、第6曲柄上铣定位面(加工角向定位基准)。

(4)粗加工连杆轴颈及轴肩端面。

(5)在法兰上钻、铰工艺孔(为精加工连杆轴颈准备角向基准)。

(6)加工油孔、回油螺纹等次要表面。

(7)主轴颈和连杆轴颈表面淬火处理。

(8)半精加工主轴颈及轴肩端面。

(9)精加工连杆轴颈及轴肩端面。

(10)精加工主轴颈及轴肩端面。

(11)加工键槽、法兰端面上各孔等位置精度要求较高的次要表面。

(12)去除不平衡质量动平衡。

(13)半精加工法兰端面及轴承孔。

(14)光整加工法兰端面及轴承孔。

(15)终检。

2.3.4.3 主要工序分析

1. 主轴颈的车削

二汽采用 S-206 多刀车床车削 7 个主轴颈、皮带轮轴颈、油封轴颈和法兰盘外圆及有关端面。由于曲轴长、刚性差,为防止加工中受力变形过大,往往采用中间传动的曲轴车床对主轴颈进行多刀粗加工。利用第5、第6曲柄臂上的工艺定位面进行定位夹紧并传动,从而进行主轴颈的全部车削。这样可简化工艺过程,有利于提高各轴颈的同轴度,同时为减少径向切削力引起的变形,可采用前后刀架同时切削的方式(图 2-14)。

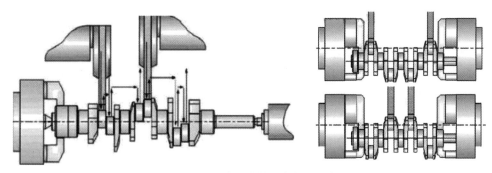

图 2-14 中间传动曲轴车床加工示意图

2. 连杆主轴颈的车削

单件小批生产可在普通车床上配备工艺法兰盘(夹具),法兰盘上有与曲柄销同轴线的中心孔,加工时车床顶尖顶在中心孔上,使用柄销与车床主轴同轴。用这种方法加工时必须加平衡块使机床主轴与工件回转时处于平衡状态,否则因不平衡产生的离心力将影响车削轴颈的圆度和表面粗糙度。

大批量生产中可用曲柄销专用车床,如图 2-15 所示。该机床两个工位,每个工位的刀架数等于曲柄销数。一个工位用多刀同时车削所有曲柄销轴肩端面,另一工位同时车削所有曲柄销外圆。为提高工件刚性,中间用中心架支在主轴颈上。曲柄两端用主轴颈、第 1 主轴颈肩端面及在曲轴臂侧面的工艺平面作定位基准。主轴颈与机床主轴同心,加工时曲柄绕其主轴旋转。曲柄与所有车刀同时旋转,曲柄转一周,车刀切去一层金属。由于惯性力大,限制了机床主轴的转速,因此常用高速钢作车刀。

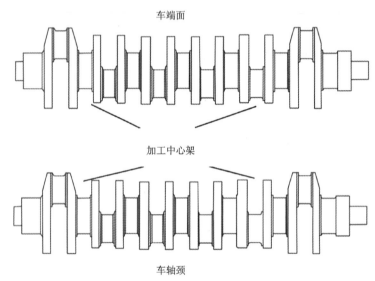

图 2-15 双工位曲轴车床车削全部曲柄销

3. 主轴颈与曲柄销的磨削

主轴颈与曲柄销车削之后需用磨削进行精加工。在磨主轴颈及其同轴线的轴颈时,采用死顶尖进行径向和轴向定位。这样可减少活动顶尖因配合件多带来的定心精度下降。磨削曲柄销时采用第 1、第 7 主轴颈作为径向定位,法兰端面作轴向定位,法兰上的工艺孔作周向定位。除第 1 主轴颈外,其他所有主轴颈和连杆轴颈都采用定宽砂轮横向切入磨削。这样做既可提高生产率,又可稳定加工尺寸精度。

4. 主轴颈与曲柄销的光整加工

曲轴精磨后还要进行光整加工,以进一步降低表面粗糙度。利用油石进行超精加工金属切除能力大,但加工几根曲轴后会因油石磨损造成工艺条件的差异带来工件质量的差异;用砂带进行抛光则可克服此缺点，但金属切除能力较低。所以光整加工时往往先用油石进行超精磨再用砂带进行抛光。这两种方法都只能降低表面粗糙度，不能提高尺寸精度和形状位置精度。这些精度必须在精磨工序中予以保证。

5. 曲轴的动平衡

由于曲轴形状复杂，很难通过机加工使其质量中心与回转中心复合。曲轴受力复杂且在高速回转下工作，这种曲轴不平衡产生的离心力会带来振动，加速曲轴的破坏，所以在机加工全部结束后必须对曲轴进行动平衡。

图2-16为QDX-1型六缸曲轴动平衡自动线示意图。全线由动平衡测量机、第一去重机、第二去重机、专用清洗机和动平衡校验机组成，各机床间用机械手运送工件，全线可进行单机调整或全线自动操作。

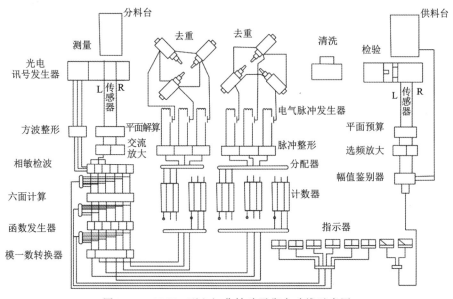

图2-16　QDX-1型六缸曲轴动平衡自动线示意图

该自动线将测量平面测得的矢量力分解到允许去除不平衡质量的连杆曲柄臂校正面上，从而在各校正面上得到等效不平衡量。信息经过平面解算和六面计算等电路处理后，得到以电压形式给出的各去重位置上的等效不平衡量，然后将6个函数发生器给定的直流电压通过控制钻头直径及钻孔深度，在与曲轴有关的曲柄臂上去除不平衡质量，以达到曲轴动平衡的目的。

2.4　连杆加工

2.4.1　连杆的功用和结构特点

连杆是发动机的主要零件之一。它小头连活塞大头连曲轴，把活塞顶面膨胀气体所做的功传给曲轴，从而把活塞的往复运动变为曲轴的旋转运动。曲轴驱动带动活塞往复运动压缩气缸的气体。连杆在工作中承受着强烈变化的交变冲击载荷。气体压力使连杆产生相当大的压力和弯曲应力。活塞连杆本身的惯性力在连杆横断面产生拉伸应力和横向弯曲应力,连杆大头孔的线速度达10m/s。这样不仅要求连杆精度和表面质量高,而且要求其强度高、刚度高、韧性大、质量轻、使用寿命长。EQ6100-Ⅰ型汽油发动机连杆简图如图2-17所示。

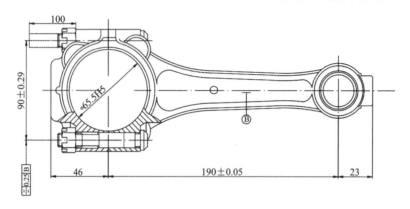

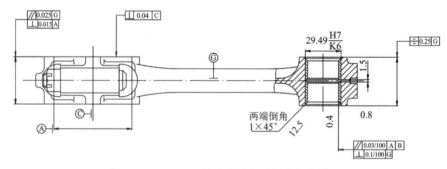

图2-17　EQ6100-Ⅰ型汽油发动机连杆简图

为了保证连杆刚度,连杆杆身一般都设计成"工"字形截面以减少连杆质量。为了形成加工基准面,连杆上设有工艺凸台,连杆外表面不加工,连杆大小头端面一般与杆身轴线对称。为了减少磨损和便于维修,在连杆小头孔中压入青铜衬套,大头孔内设有钢基巴氏合金轴瓦。为了保证发动机运转平稳,同一发动机中各连杆的质量不能相差太大,因此在连杆大小头孔两端设置了去不平衡量的凸台,便于称量后去除不平衡质量。

连杆小头孔端设有油孔,便于把气缸下部的润滑油飞溅到小头顶端的油孔内,润滑青铜衬套与活塞销。

2.4.2　连杆的材料与毛坯

连杆由于受力复杂,一般用40钢或45钢。高速发动机连杆常用40Cr和40MnB,有时速度较低也可采用球墨铸铁。

根据生产类型不同,钢制连杆可采用不同的锻造方法,单件小批生产采用自由锻造或胎模锻造,大批量生产采用模型锻造。模型锻造由辊锻、预锻、终锻、切边、冲孔、校直、精压等工序组成。

EQ6100-I型汽油发动机选用40MnB,在二汽进行整体锻造后调质处理,模型锻造生产率高,但设备投资大。

2.4.3 机械加工工艺过程及分析

2.4.3.1 定位基准的选择

连杆上需进行机械加工的主要表面为大小头孔及其两端面,杆身和杆盖结合面以及连杆螺栓定位孔等。定位基准对保护精度和技术要求是相当重要的。为保证大头孔与端面垂直,加工大小头孔时,应以端面为定位基准;为保证两孔位置精度,加工一孔时,常以另一孔为定位基准。连杆加工中大多数工序是以大小头孔端面、大小头孔以及工艺凸台为基准的。

以连杆大小头孔端面作为主要定位基准,可使零件支承面积大、定位稳定、装夹方便,同时用连杆小头孔和大头外侧面作为一般定位基准,从而限制6个自由度。

对于一些要求高或加工中不易保证的技术要求,在精加工时采用自为基准的原则进行加工(如小头孔的加工)或采用互为基准的原则进行加工(如大小头孔中心距的保证)。

2.4.3.2 机加工工艺过程的拟定

(1)大小头孔两端　粗磨—半精磨—精磨。
(2)大头孔　拉—扩—半精镗—珩磨。
(3)小头孔　钻孔—拉底孔—镶衬套—挤衬套孔—精镗衬套孔。
(4)螺栓孔　钻孔—扩孔—铰孔。
(5)结合面　凸块端面、两侧定位面—拉削。

连杆的加工路线分为3个阶段:第一阶段是为后续工序准备精基准(小头、大头外侧面),即连杆和盖切开之前的加工;第二阶段是加工精基准外的其他表面(大头孔粗加工、连杆螺栓孔、结合面、轴瓦锁口槽),即连杆体和盖切开之后的加工;第三阶段是各面的精加工(大头孔半精、精加工、端面精加工、小头孔精加工),即连杆体和盖合装后的加工。连杆机械加工工艺过程如表2-3所示。

2.4.3.3 主要工序分析

1. 大小头孔端面的加工

大小头孔端面的加工分两个工位进行,第Ⅰ工位以没有凸起标记的一侧端面作精基准粗磨另一侧端面;第Ⅱ工位工件翻转以有标记的一侧端面定位,粗磨另一侧端面。因为工作毛坯为模锻件,加工余量小,所以可直接用磨削代替铣削。与铣削相比,磨削具有平面度高、粗糙度值低、两侧端平面平行度误差小的优点。在后续工序中都以没有凸起的一面作统一基准便于保证精度。图纸上大小头精度要求不一样,但若按不同精度加工会导致机床调整复杂,造成后续工序夹具制造与调整复杂。由于大头厚度公差带正好落在小头厚度公差带内,所以精磨时可以把小头厚度按大头要求加工,一次磨出。这样可以使端面处于同一平面,便于后续工序定位,简化夹具结构与机床调整工作。

表 2-3 连杆机械加工工艺过程(大量生产)

工序号	工序内容		定位基准	设备
1	安装Ⅰ	粗磨有标记一侧端面2	无标记一侧端面及大、小头孔轮廓	双轴立式平面磨床
1	安装Ⅱ	粗磨有标记一侧端面1	端面2及大、小头外轮廓	双轴立式平面磨床
2	钻小头孔		端面1、小头外轮廓、杆身侧面	立式六轴组合钻床
3	小头孔两端倒角		端面1、小头孔	立式钻床
4	拉小头孔		端面1、小头孔	立式内拉床
5	安装Ⅰ	拉大头定位面及凸块端面		立式外拉床
5	安装Ⅱ	拉小头定位面及凸块端面		立式外拉床
6	将整体锻件切断为连杆体和连杆盖		端面1、小头孔、半圆面	立式切断铣床
7	精拉连杆体两侧定位面、结合面及半圆面		端面1、小头孔、半圆面	卧式连续拉床
7	精拉连杆盖两侧定位面、结合及半圆面		端面1、凸块端面、半圆面	卧式连续拉床
8	磨连杆体结合面		端面1、小头孔、大头定位侧面	双轴立式平面磨床
8	磨连杆体结合面		端面1、凸块端面、定位侧面	双轴立式平面磨床
9	中间检查			
10	从结合面处钻连杆体和连杆盖螺栓孔		同工序8	双面卧式组合机床自动线
11	粗锪连杆体和连杆盖螺栓窝座		同工序8	双面卧式组合机床自动线
12	精锪连杆体和连杆盖螺栓窝座		同工序8	双面卧式组合机床自动线
13	铣连杆和连杆盖装轴瓦的锁口槽		同工序8	双面卧式组合机床自动线
14	各孔两端倒角,钻连杆体小头油孔		同工序8	双面卧式组合机床自动线
15	去毛刺			砂轮机
16	中间检查			
17	精加工螺栓孔	工位1:装卸连杆体和连杆盖	端面1、小头孔、大头定位侧面(连杆体和连杆盖合在一起)	五工位组合机床
17	精加工螺栓孔	工位2:扩连杆盖螺栓孔	端面1、小头孔、大头定位侧面(连杆体和连杆盖合在一起)	五工位组合机床
17	精加工螺栓孔	工位3:阶梯扩锪连杆体及连杆盖螺栓孔	端面1、小头孔、大头定位侧面(连杆体和连杆盖合在一起)	五工位组合机床
17	精加工螺栓孔	工位4:精扩螺栓定位孔	端面1、小头孔、大头定位侧面(连杆体和连杆盖合在一起)	五工位组合机床
17	精加工螺栓孔	工位5:铰螺栓定位孔	端面1、小头孔、大头定位侧面(连杆体和连杆盖合在一起)	五工位组合机床
18	去毛刺			
19	清洗			
20	按标记均朝上合放杆体与杆盖并装螺栓			装配台
21	人工套螺母			
22	拧紧螺母(保持扭矩为100~120N·m)			力矩扳手
23	扩大头孔		端面1、小头孔、大头定位侧面	六轴组合机床

续表 2-3

工序号	工序内容	定位基准	设备
24	大头孔两端倒角	端面1、小头孔、大头定位侧面	双面倒角机
25	半精磨大、小头两端端面1和端面2	同工序1	同工序1
26	半精镗大头孔	端面1、小头孔、大头定位侧面	金刚镗床
27	称量不平衡		自动称重分组机
28	平衡,去大、小头不平衡	端面1及大、小头孔	铣床
29	去毛刺		砂轮机
30	压铜衬套		压床
31	挤压铜衬套孔	端面1、铜衬套孔	压床
32	铜衬套孔倒角		立式钻床
33	精磨大、小头两端端面1和端面2	同工序1	同工序1
34	精镗大、小头孔	端面1、小头孔、大头定位侧面	金刚镗床
35	珩磨大头孔	端面1、小头孔、大头定位侧面	立式珩磨机
36	清洗		
37	最终检查(按小头直径分组)		气动量具
38	清洗度检查		
39	校正连杆(按需)		
40	称量不平衡质量(分组)		
41	防锈处理		防锈机

2. 精镗小头孔

小头孔的加工是关键性工序。该工序既要达到小头孔本身的尺寸精度和形状精度,又要保证两孔中心线达到与端面垂直的方向的平行度和中心距要求。

小头孔在大头孔粗加工以前就进行了钻、扩、镗(拉),因为在以后的加工中小头孔将作为重要的定位基准。

精镗小头孔大都采用金刚镗加工,因为金刚镗具有以下优点:

(1)金刚镗床的刚性好,电动机有防振垫隔振;主轴运动采用皮带传动,机床内高速旋转的零件都经过平衡;机床采用液压系统进给,平稳性、刚性好;机床主轴采用高精度径向推力轴承并预加载荷消除间隙,因此机床回转精度高。

(2)镗杆内安装有冲击式消振器,可减少或消除振动。

(3)金刚镗刀主偏角大,刀具圆弧半径小,径向切削力小,镗杆径向变形小;镗刀前后刀面经过仔细研磨,镗孔后表面粗糙度小;采用高切速、小进给量、小切深镗削,切屑细、切削力小、发热变形小,因而加工精度和表面质量都高,生产率也高。

镗连杆小头孔一般有两种工艺分案,第一种是以大头孔安装带凸台圆销、小头孔安装削连销定位,夹紧后将削边销退出,加工小头孔。这种方案导致连杆大小头孔中心距变化大,加工后连杆两孔的平行度误差也大,所以较少采用。第二种是以端面作为主定位基准,在双轴镗床上一次安装,同时精镗大小头孔,容易保证两孔中心距和平行度要求。

3. 连杆体和连杆盖的侧面、半圆面与结合面加工

连杆体和盖的侧面、半圆面、结合面的加工是在一台卧式拉床上进行的。因同时加工的表面多、切除余量大、切削力大,所以要求机床的刚性好,否则易发生振动,影响加工质量和刀具寿命。图 2-18 为连续式拉床示意图。

4. 连杆大头孔珩磨

连杆大头孔的终加工一般用珩磨。珩磨头与气缸珩磨相似,也是利用安装在珩磨头圆周上的砂条对连杆进行低速磨削,还有一定的摩擦抛光作用。珩磨后可提高孔的尺寸精度和几何形状精度,降低粗糙度,但不能提高位置精度。它的理由有两个:一是珩磨余量很小,只有 0.03~0.04mm;二是因为珩磨时以孔表面导向定位,孔的中心决定了刀具的中心,且珩磨时要么工件浮动,要么刀具浮动,所以是不能提高位置精度的。

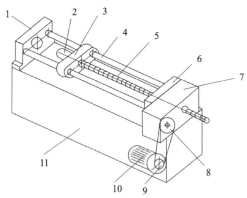

1.工作台;2.卡刀体;3.主溜板;4.导轨;5.丝杠;
6.夹具;7.辅溜板;8.从动带轮;9.主动带轮;
10.电动机;11.床身。

图 2-18 连续式拉床示意图

采用珩磨头浮动方式,加工时以孔本身为导向,因孔长度较短,珩磨头砂长度也短,越程较大,可能引起珩磨头倾斜或摆动,使工件形成喇叭口。采用工件浮动方式,减少倾摆,可保证大头孔相对于端面的垂直度,并使孔端喇叭口和圆度误差较小。图 2-19 为珩磨大头孔的浮动夹具。连杆用小头孔、端面及大头孔侧面定位。

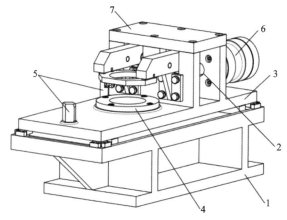

1.底座;2.固定导向套;3.浮动板;4.端面定位套;5.定位装置;6.气动夹紧机构;7.方盖板。

图 2-19 珩磨连杆大头孔的浮动夹具

第3章 变速箱箱体的加工

3.1 东风汽车变速箱的结构

3.1.1 变速器在传动系统中的位置及功用

汽车传动系如图3-1所示,发动机发出的动力经离合器1、变速器2,由万向节3和传动轴8组成的万向转动装置及安装在驱动桥4中的主传动器7、差速器5和半轴6传给驱动轮。由图3-1可见,减速器一端通过离合器与发动机输出轴相连,另一端通过万向节输出动力和扭矩给主传动器。

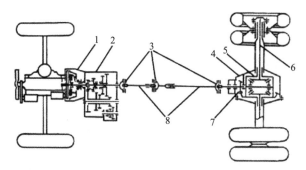

1.离合器;2.变速器;3.万向节;4.驱动桥;5.差速器;6.半轴;7.主传动器;8.传动轴。

图3-1 普通汽车传动系一般组成及布置型式示意图

发动机的扭矩、转速与汽车牵引和速度要求之间的矛盾,要求驱动车轮的扭矩为发动机输出扭矩的若干倍,驱动车轮的转速为发动机转速的若干分之一。这种减速增扭的程度用减速比表示。它的值等于发动机转速与驱动车轮的转速之比,即变速器传动比与主传动减速器传动之乘积。由于汽车使用条件变化大,为满足载重量、道路坡度、路面质量、障碍物等及各程车速的需要,有时需要大的传动比,有时需要小的传动比。变速器正是为了适应各种不同的情况而设置的。

3.1.2 变速器的结构

变速器的结构如图3-2所示,变速器壳体中有第一轴(动力输入)、中间轴、第二轴及倒挡轴,传动主要通过齿轮副和轴来实现。变速主要通过同步来实现。动力从离合器传入Ⅰ轴,经过Ⅱ轴输出给传动轴。它的齿轮副15—35,24—34,23—33,22—32,31—41处于常啮合状态。齿轮 21 有 3 个位置,左与 31 啮合,右与 42 啮合,中间为空挡。同步器 A 与 B 均有左、中、右 3 个位置。同步器 A、B 及齿轮 21 的各左、中、右共 6 个位置中只允许一个啮合。从而形成 5 个前进挡和一个倒退挡。当全部处于中位时为空挡,此时变速器不输出动力。各挡传动比及其相啮合的齿轮如表 3-1 所示。

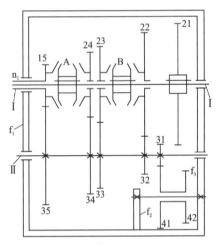

表 3-1 变速器的传动比

挡位	传动比	传动路线
一挡	7.31	Ⅰ—15—35—31—21—Ⅱ
二挡	4.31	Ⅰ—15—35—32—22—B右—Ⅱ
三挡	2.45	Ⅰ—15—35—33—23—B左—Ⅱ
四挡	1.54	Ⅰ—15—35—34—24—A右—Ⅱ
五挡	1.00	Ⅰ—15—A左—Ⅱ
倒挡	7.66	Ⅰ—15—35—31—41—42—21—Ⅱ

图 3-2 变速器的传动示意图

3.1.3 同步器

EQ140 型车五挡变速器中安装了两套销式惯性同步器,一套用于二、三挡,另一套用于四、五挡。四、五挡同步器结构如图 3-3 所示。

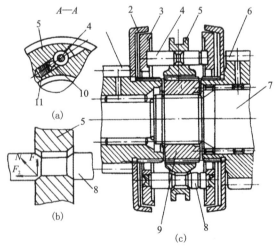

1.第一轴齿轮;2.摩擦锥盘;3.摩擦锥环;4.定位销;5.接合套;6.第二轴四挡齿轮;
7.第二轴;8.锁销;9.花键毂;10.钢球;11.弹簧。

图 3-3 锁销式惯性同步器

左右两个带外锥面的摩擦锥盘 2 分别与齿轮 1、齿轮 6 固紧,左右两个带外锥面的摩擦锥环 3 通过 3 个锁销 8 和 3 个定位销 4 与接合套 5 连接。锁销 8 与定位销 4 在同一圆周上相互间隔地均匀分布,锁销 8 的两顶端面固定在摩擦锥环 3 的孔中。锁销两端面的工作表面直径与接合套销孔的内径相等,而其中部直径小于孔径,只有在锁销与其所穿过的接合套孔对中时,接合套方能沿锁销轴向移动,锁销 8 中部和接合套 5 上相应的销孔中部钻有斜孔,内装弹簧 11,把钢球 10 顶向定位销中部的环槽,如图 3-3(a)A—A 所示,以保证同步器处于正确的空档位置。定位销 4 两端伸入锥环内侧面,但有间隙,故定锁销 8 可随接合套 5 作周向摆动。

锁销式同步器的工作原理是当接合套 5 受到拨叉的轴向推力时,便通过钢球 10、定位销 4 带动摩擦锥环 3 向左移动,使之与对应的摩擦锥盘接触。具有转速差的摩擦锥环与摩擦锥盘一经接触,产生摩擦力使锥环连同锁销中部倒角与销孔端的倒角相互抵触,以阻止接合套继续前进。接合套 5 不能与齿轮 1 啮合,即接合套与 I 轴齿轮转速未达到同步以前[图 3-4(a)],锁止面阻碍接合套前进,使接合套 5 不能与齿轮 1 啮合。

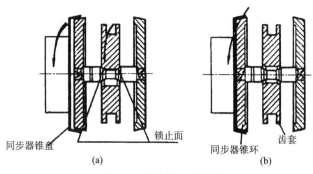

图 3-4 同步器工作原理

转速差愈大,换挡时锁止面上压力愈大,操作换挡也愈费力。当摩擦锥环与摩擦锥盘转速一致,即接合套 5 与齿轮 1 同步时,锁销与接合套销孔相对浮动,如图 3-4(b)所示。

锁止面上压力消失拨叉拨动结合套可超过锁销继续前进,接合套就能与齿轮 1 无冲击啮合,不会出现换挡打滑现象。

为了保证同步器 A、B 和齿轮 21 三者的 6 个啮合位置不产生两边同时啮合的情况,结构上采用一个变速操纵杆集中拨动变速拨叉轴,并设置了变速档位的自锁互换机构,使其只能有一个档位处于啮合位置,当啮合宽度足够时,就锁住,在运行中不会脱档。

3.2 变速箱体的加工

3.2.1 变速箱体的功用及结构特点

变速箱体在整个变速器总成中的主要作用是支承各传动轴,保证各传动轴之间的中心距及平行度,并保证变速箱部件与发动机的正确安装。变速箱体的加工质量,将直接影响到轴与齿轮等零件相互位置的准确性及变速器总成的使用寿命和可靠性。变速箱体的简图如图 3-5 所示,它是典型的箱体类零件,结构形状复杂,壁薄,外部为了增加其强度加有很多强筋,有精度要求较高的多个平面、轴承孔系、螺孔等需要加工。因为刚度较差,切削中受力受热大,易产生振动和变形。

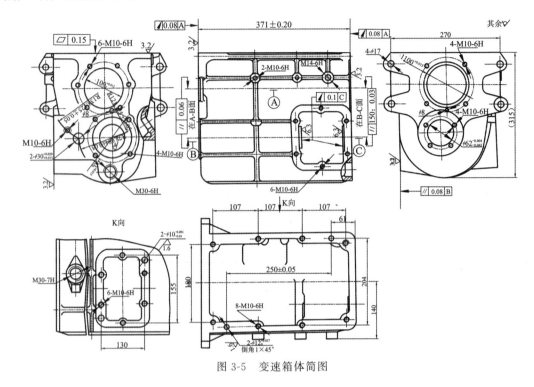

图 3-5 变速箱体简图

3.2.2 变速箱箱体的主要技术要求及毛坯

1. 技术要求

(1)安装滚动轴承的孔系其孔径公差等级为IT7,粗糙度$Ra1.6$。

(2)各轴承孔中心距偏差为±0.05mm。

(3)各轴承孔中心线的平行度公差6~7级。

(4)箱体前端面是变速箱的安装基准,变速箱Ⅰ轴与发动机输出轴连接,因此图纸要求端面全跳动为0.08mm,后端面仅为安装轴承盖,端面圆跳动为0.1mm。装配基面、定位基面及其余各平面的粗糙度为$Ra3.2$。

(5)箱体各安装螺孔的位置公差为0.15mm。

2. 变速箱的材料与毛坯

由于该变速箱外形与内腔形状都比较复杂,壁厚较薄,故选用流动性好、吸振性好、加工工艺性好和成本比较低的灰口铸铁,材料牌号为HT200。

变速箱的主要支承孔在铸造时直接铸出,倒挡轴孔、油塞孔和加油孔等直径小于30mm的孔不铸出,留待机械加工时钻出。变速箱的铸造工艺图如图3-6所示。因为箱体属于大批量生产,必须采用自动线机器造型,因此分型面造在轴承孔的连线上,分为上、下两半采用两箱造型。采用中注式浇注系统,为了补缩,上面设有冒口。型芯也先做成两半,下芯时粘在一起。为了使型芯易于安放,设置了型芯头,型芯为了造型时方便拔模而设计了拔模斜度。

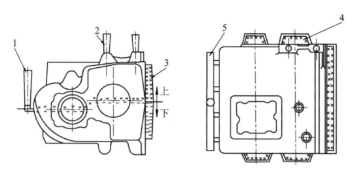

1.直浇道;2.冒口;3.型芯;4.芯头;5.横浇道。

图 3-6　变速箱体的铸造工艺图

3.2.3　变速箱的机械加工工艺过程及分析

变速箱大批量生产的机械加工工艺过程如表 3-2 所示。变速箱的主要加工面有轴承孔系及其端面、平面、螺纹孔、销孔等。它的加工生产线由 6 台专机和 1 条自动线组成。自动线由 9 台双面卧式组合机床、1 台平面卧式组合机床、23 个液压站、9 个电器箱和 2 个操纵台组成。该自动线有 12 个加工工位,2 个检查工位,1 个上料工位和 1 个下料工位。工件由步伐式输送带传送。每个加工位置都设有定位导轨及活动定位销,用一面两销定位。该自动线设计生产纲领为年产 125 000 件,每班 180 件。切屑由自动线下面的传送带循环式输送装置自动排除。自动线可进行全自动、半自动、单机调整等各种控制。

表 3-2　变速箱体机械加工工艺过程(大量生产)

工序号	工序内容	定位基准	设备
1	粗、精铣上盖结合面	输入输出轴支承孔及中间轴孔	双轴立式铣床
2	在上盖结合面上钻、铰孔及攻丝	上盖结合面、输入输出支承及后端面	三工位组合机床
3	粗铣前后端面	上盖结合面及两定位销孔	组合铣床
4	粗铣两侧窗口及凸台面	上盖结合面及两定位销孔	组合铣床
5-Ⅰ	钻前后端面孔	上盖结合面及两定位销孔	组合机床自动线
5-Ⅱ	检查孔深度		
6	在回转台上回转 90°		
7-Ⅰ	钻两侧窗口面上螺纹底孔		
7-Ⅱ	检查孔深度		
8	粗铣倒挡轴孔内端面、钻加油孔		

续表 3-2

工序号	工序内容	定位基准	设备
9	粗镗前后端面支承孔、扩倒挡轴孔	上盖结合面及两定位销孔	组合机床自动线
10	铰取力窗口面定位孔		
11	精镗前后端面支承孔、铰倒挡轴孔		
12	精铣两侧窗口面	输入输出轴支承孔、中间轴孔及后端面	
13	前后端面螺孔攻丝	上盖结合面及两定位的销孔	
14	精铣倒档孔内端面、攻油孔 M30 螺纹		
15	两侧窗口面螺孔攻丝		
16	精铣前后端面	输入输出轴支承孔及一个定位销孔	组合铣床
17	去毛刺		
18	清洗		清洗机
19	终检		

3.2.4 变速箱体加工工艺过程的分析

3.2.4.1 变速箱体加工定位基准的选择

1. 粗基准的选择

为了保证重要表面加工余量均匀,加工面与不加工面的位置精度,保证装入的零件与箱壁留有一定的间隙,应该选箱体主要支承作为主要基准。以变速箱的输入轴和输出轴的支承孔(变速箱上部处于同一轴线的孔)作粗基准,设置双顶尖定位,限制工件的 5 个自由度。在下部另一支承孔中设一削边销,限制工件的 6 个自由度。这样就可保证重要孔加工余量均匀,也可保证孔与箱壁的相对位置。

2. 精基准的选择

由图 3-5 可知,其上端结合面与各主要支承孔平行且支承面积大,适于作精基准。使用前端面虽能使定位基准与装配基准重合,但因为它与各主要支承孔系垂直,若用作精基准则夹具结构复杂,实现定位、夹紧都较麻烦,故一般不采用。选用上端结合面作主要定位基准,限制 3 个自由度,再以箱壁上两销孔定位限制另外 3 个自由度。以一面两孔作为以后各工序的统一基准,易于保证各加工面之间的位置精度;简化夹具设计和制造工作,缩短生产准备时间;在自动线上可直接定位,节省随行夹具;可加工除定位面以外的 5 个面上的孔和平面,易于实现定位与夹紧的自动化。

在精铣两侧面窗口面时,没有使用一面两销定位,而使用精镗后的轴承孔和端面定位,这样做是为了更好地保证取力箱结合面与中间轴承孔的平行度(0.08)。若此平行度误差较大,将妨碍取力箱中的齿轮与中间轴上的齿轮正确啮合。

另外,在精铣前后端面时为了保证前后端面与主轴承孔的垂直度(前端面垂直度要求0.08),采用精镗后的主轴承孔定位。若此垂直度误差过大,将影响其与发动机的安装精度。

3.2.4.2 加工路线的拟定

变速箱体的主要加工面是平面和孔系。一般说来,保证平面的加工精度比孔系容易,因此加工过程中的主要问题是保证孔系的尺寸精度及位置精度,处理好孔系与平面之间的相互关系。

变速箱体平面与孔系的加工顺序一般可有两种方案。

方案一:先粗精加工平面,再粗精加工孔系,这样做可减少工件安装次数,减少加工余量,生产率高,经济效益好。但若工件刚性差毛坯精度低时,粗加工孔隙后由于受力受热变形大,往往影响加工质量并破坏已加工表面的质量。这种方案只有在工件结构刚性好,产生的误差为零件技术条件所允许时才可用。

方案二:粗精加工分段进行,即粗加工平面—粗加工孔—精加工平面—精加工孔。其优缺点正好与方案一相反。

东风汽车变速箱体由于毛坯精度较高,加工余量减少,且结构刚性较好,故选用方案一。但由于箱体主要平面精度要求较高,故选用方案二,这样有利于保证主要平面相对于孔的位置精度和表面质量。

箱体的主轴承孔和中间轴轴承孔,采用在卧式双面组合镗床上进行双面粗精镗的方法。而倒挡轴孔因孔径只有$\phi 30mm$,故采用钻、扩、铰的方案,通过镗模夹具保证其位置精度。螺纹底孔的钻削属于粗加工,也应该在平面粗加工之后的粗加工阶段完成。

3.2.4.3 变速箱体加工主要工序分析

1. 变速箱体上盖结合面的加工

上盖结合面如前所述是箱体加工过程的主定位基准,因此其粗精加工最好在一个工序中完成。工厂采用双轴立式回转工作台铣床进行加工,在回转工作台上可同时安装多个夹具,装卸工件与铣削时间重合,且采用镶硬质合金的密齿多刀盘铣刀进行铣削,可采用较大的切削用量,因而生产率很高。

铣削变速箱体上盖结合面的工序简图如图3-7(a)所示,夹具如图3-8所示。工件以输入输出孔使用两锥销定位(相当于双顶尖定位),左边锥销是固定的,右销2在气缸3的活塞推动下向左移动,使工件得到定位和夹紧。插入中间轴轴孔的锥销4从外表上看似乎与销2差不多,但由于它与工件孔只在水平方向的两点接触,所以实际上是削边销。它只限制工件绕销1和销2轴线的回转,从而形成完全定位。在工件下部有两个浮动"V"形块,它只起预定位作用,当工件得到定位与夹紧之后工件将上抬脱离"V"形块。

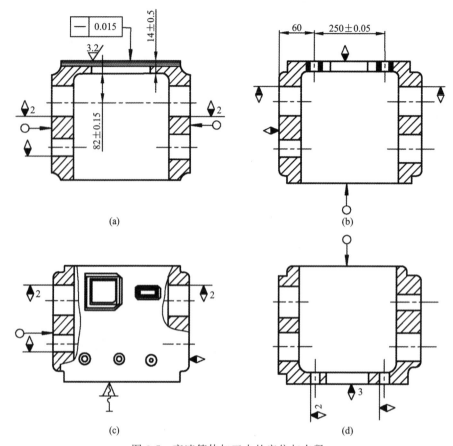

图 3-7 变速箱体加工中的定位与夹紧

(a)工序 1 简图;(b)工序 2 简图;(c)工序 12 定位夹紧原理图;(d)工序 3～11 及 13～15 定位夹紧原理图

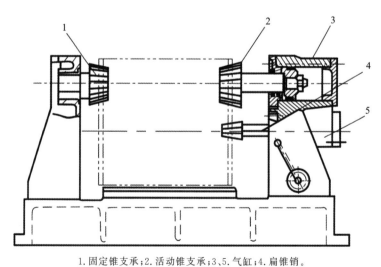

1.固定锥支承;2.活动锥支承;3、5.气缸;4.扁锥销。

图 3-8 铣削变速箱体上盖结合面夹具示意图

2. 上盖结合面上各孔的加工

在结合面加工之后的后续工序中要使用一面两孔定位,面已加工出来,在工序中要完成两定位销孔的加工,顺便将结合面上的其他紧固螺孔也一并加工出来。在此工序中只有上盖结合面已加工,可以作为主定位面,限制工件的 3 个自由度。以两个同轴的输入输出轴支承孔限制 2 个自由度,再以工件一个端面限制 1 个自由度。工序简图如图 3-7(b)所示。

3. 变速箱体前后端面的精加工

为了保证前端面对Ⅰ轴孔轴线的端面全跳动要求,在孔系精加工后安排了前后端面的精加工。加工时以孔作为定位基准,采用组合铣床进行铣削,工序示意图如图 3-9(a)所示,夹具原理如图 3-9(b)所示。

在此工序中采用精镗后的主轴承孔,以可涨式柱塞定位(兼夹紧),限制 4 个自由度。再用一个短圆销限制工件 2 个自由度。此夹具结构复杂,工件先以上盖结合面和销 4、销 5 作预定位,然后中央楔块 3 升起,推动左、右顶杆 2 使定位头 1 横移,当定位头到达位置后,中央楔块 3 继续上移,推动顶杆 2 使顶锥 7 前移,如图 3-9(c)所示。从而将定位头内的楔块 6 沿径向涨出,形成可涨式心轴,达到自动定心及夹紧。此时工件脱离预定位平面,削边销 5 浮动,避免形成过定位。

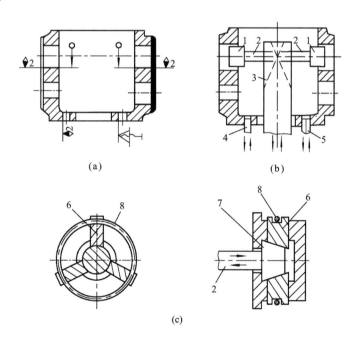

1.定位头;2.顶杆;3.中央楔块;4.圆柱销;5.菱形销;6.楔块;7.顶锥;8.复位弹簧。

图 3-9 变速箱壳体精铣前后端面(工序 16)

(a)定位夹紧原理图;(b)夹具结构原理图;(c)定位头结构原理图

4. 轴承孔加工

主轴承孔和中间轴承孔采用粗、精镗加工方案。使用卧式双面组合镗床镗孔。粗镗余量 7mm，精镗余量 1mm。由镗模导向套确保镗杆与被加工零件的正确位置。镗杆与机床动力驱动轴采用挠性连接。组合镗刀由前后两排刀齿组成。在轴向和轴向都错开一定距离，形成对称刀刃以抵消 F_y 力的影响，提高加工精度。形成两次切深，实际上相当于安排了粗镗和半精镗两道工序，从而可以保证孔的加工质量，并提高生产率。

倒挡轴孔径较小，在前面钻孔之后，采用扩孔与轴承孔粗镗合并，铰孔与精镗轴承孔合并，其位置精度也由镗模保证。由于两者的切削速度和进给量皆与粗精镗轴承孔不同，所以在切削时把两者错开进行。

第 4 章　圆柱齿轮加工

渐开线圆柱齿轮因其传动平稳，传动比准确，承载能力强而被广泛应用于机床、汽车、拖拉机及其他工程机械与仪表上。齿轮在机械制造业中占有重要的地位。世界各国都在如何提高生产率和加工精度，降低加工成本方面下功夫，已经取得较大进展，发展趋势为少、无切削加工。我国现在主要采用常规切削工艺，虽然在精密锻造、冷挤方面有所突破，但仍以滚齿、插齿、剃齿、珩齿、磨齿、研齿等传统工艺为主。

4.1　齿轮的技术要求

现代工业对齿轮传动有 4 项要求：
(1)运动精度。要求一周范围内传动比的变化尽量小，以保证传递准确的运动。
(2)工作平稳性。要求瞬时传动比变化尽量小，以保持传动平稳，冲击及振动小，噪声低。
(3)接触精度。要求工作齿面良好接触，以保证足够的承载能力和使用寿命。
(4)齿侧间隙。啮合轮齿的非工作面有一定的间隙，以补偿热变形和储存润滑油。
不同用途和工作条件下对上述要求的侧重点是不同的。如控制系统或随动系统的侧重点是运动精度，而汽车、拖拉机中的齿轮主要要求是工作平衡性，低速重载的轧钢机主要要求是工作齿面接触精度，高速重载的蜗轮机中齿轮对以上三项精度的要求都高。

4.2　齿坯的技术要求与毛坯

4.2.1　齿坯技术要求

齿坯技术要求是对齿轮基准面(包括定位基面、度量基面、装配基面等)的尺寸精度和形位精度的要求。它直接影响到齿轮的齿形加工精度和使用性能。齿轮基准面通常指安装在传动轴上的基准孔或安装在支承中的基准轴，切齿时的安装端面和用以找正安装定心的齿顶圆，或用作度量基准面的齿顶圆。不同精度等级的齿坯公差要求如表 4-1 所示，齿轮的表面粗糙度如表 4-2 所示。

表 4-1 齿坯公差

齿轮精度等级		5	6	7	8	9
孔	尺寸公差	IT5	IT6	IT7		IT8
	形状公差					
轴	尺寸公差	IT5		IT6		IT7
	形状公差					
	顶圆直径	IT7	IT8		IT9	
公度圆直径/mm		齿坯基准面径向跳动和端面跳动/μm				
大于	到	5	6	7	8	9
—	125	11			18	28
125	400	14			11	36
400	800	20			31	50

表 4-2 齿轮的表面粗糙度

Ra		精度等级				
		5	6	7	8	9
齿轮表面	轮齿齿面	0.63	0.63～1.25	1.25～2.5	2.5～5	5～10
	齿轮基准孔	0.32～0.36	1.25	1.25～2.5		5
	齿轮基准轴颈	0.32	0.63	1.25	2.25	
	基准端面	1.25～2.5	2.5～5		5	
	齿顶圆	2.5～5	5			

4.2.2 齿轮材料

齿轮材料选择是否恰当,直接影响齿轮的工作寿命,也影响齿轮的加工性能与制造成本。常用齿轮材料如下:

(1)中碳结构钢。采用 45 钢进行调质、表面淬火,热处理后综合机械性能较好,适用于低速、载荷不大的齿轮。

(2)中碳合金结构钢。采用 40Cr、40MnB 等进行调质、表面淬火。热处理后机械性能优于 45 钢,热处理变形小,淬透性高。用于制造速度精度较高、载荷较大的齿轮。

(3)渗碳钢。采用 20Cr、20CrMnTi 等渗碳或碳氮共渗后淬火,可得到芯部韧、表面硬、耐磨耐冲击的性能,适于制造高速、中载荷的齿轮。由于渗碳热处理变形较大,需进行磨齿、珩齿加工纠正,制造成本较高。碳氮共渗变形较小,由于渗层较薄,承载能力不如前者。

(4) 氮化钢。采用 38CrMoAlA 氮化处理,变形较小,不必再磨齿,齿面耐磨性高,适于制造高速齿轮。

(5) 铸铁及有色金属等。铸铁用于受力不大、速度不高的场合;有色金属用于仪表,耐磨性要求高的蜗轮等;尼龙、塑料等非金属材料用于轻载需减振、低噪声、润滑较差的场合。

4.2.3 齿坯毛坯

齿轮毛坯不承受大的冲击载荷可采用棒料,形状复杂的可采用铸件,大多情况下采用锻件。单件小批生产或尺寸较大的齿轮可采用自由锻,生产中小批零件可采用胎模锻或模锻,大批生产采用模锻。形状较复杂时往往采用胎模锻成形。

4.3 齿轮的机械加工工艺过程及分析

4.3.1 机械加工工艺过程

齿轮的机械加工工艺路线是根据齿轮的材质、热处理要求、尺寸、精度及粗糙要求,结合生产类型和设备条件综合考虑制订的。一般钢制齿轮的工艺路线如下:毛坯制造—齿坯粗加工—齿坯热处理—齿坯精加工—键槽加工—齿形粗加工—齿端加工—热处理—修整基准面—齿形精加工。

东风汽车变速箱齿轮零件图如图 4-1 所示,其加工工艺过程如表 4-3 所示。

解放牌汽车变速箱二轴三速齿轮如图 4-2 所示,技术要求如表 4-4 所示,加工工艺过程如表 4-5 所示。

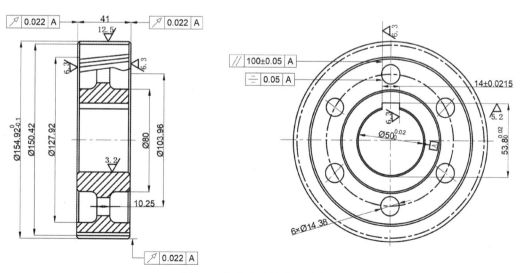

图 4-1 汽车变速箱齿轮零件图

材料	20CrMnTi	热处理	S-C 650～800HV
法向模数/mm	3.5	齿数	32
法向压力角	22°30′	分度圆螺旋角/(°)	23(左)
变位系数	−0.1864	公法线长度/mm	$48.019^{0}_{-0.04}$
齿形误差/mm	0.13	齿向误差/mm	0.14
齿圈径向跳动/mm	0.022	齿面粗糙度 Ra/μm	6.3

续图 4-1

表 4-3 齿轮加工工艺过程(大量生产)

工序号	工序内容	定位基准	设备
1	粗车外圆、端面 E、F 及内孔	齿坯端面 T、外圆	数控车床
2	粗车外圆、端面 T、止口及内孔	齿坯端面 F、外圆	数控车床
3	精车外圆、端面 E、F 及切槽、倒角	齿坯端面 T、外圆	数控车床
4	精车端面 T、止口、内孔、倒角	齿坯端面 F、外圆	数控车床
5	中间检查		
6	滚 Z32 齿	齿坯内孔、端面 T	滚齿机
7	倒 Z32 齿部锐角	齿坯内孔、端面 T	齿轮倒角机
8	插 Z36 齿	齿坯内孔、端面 T	插齿机
9	钻油孔 3-Φ4	齿坯内孔、端面 D	液压半自动钻床
10	清洗		清洗机
11	检查		
12	热处理		渗碳炉
13	磨内孔及端面 D	端面 E、齿圈分度圆	万能内圆磨床
14	磨端面 E	端面 D、内孔	高精度卧轴圆台平面磨床
15	磨 Z32 齿部	内孔、端面 T	蜗杆砂轮磨齿机
16	清洗		清洗机
17	齿面强力喷丸处理		强力喷丸机
18	磷化处理		磷化机
19	最终检查		

第 4 章 圆柱齿轮加工

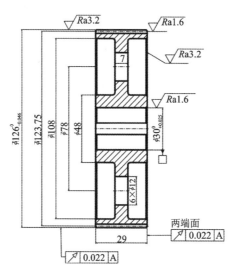

图 4-2 解放牌汽车变速箱二轴三速齿轮

表 4-4 解放牌汽车变速箱二轴三速齿轮的技术参数

齿数		33	24
模数		3.75	
分度圆直径/mm		123.75	
压力角(法)/(°)		20	
螺旋角		20°51′24″	
螺旋方向		左	
精度等级		$8\text{-}7\text{-}7\ _{-0.16}^{-0.14}$ JB179-83	$8\ _{-0.21}^{-0.14}$ JB179-83
公法线平均长度/mm		$52.15_{-0.16}^{-0.11}$	用标准齿轮和齿轮双面啮合综合检查仪
跨测齿数		5	
公法线长度变动/mm		0.036	
径向综合公差/mm		0.10	
径向一齿综合公差/mm		0.028	
接触斑点	齿高/%	0.45	
	齿长/%	60	

表 4-5 解放牌汽车变速箱二轴三速齿轮加工工艺过程

工序号	工序内容	定位基准
1	锻:模锻	大端面和外圆
2	钻:钻孔 $\phi 54_{-0.4}^{0}$ mm	大端面和外圆
3	粗车:粗车小端面取总厚 $48_{-0.6}^{0}$ mm;镗内孔 $\phi 57_{-0.2}^{0}$ mm 及倒角 2×45°	大端面和外圆
4	粗车:粗车大端面取总厚 $46_{-0.5}^{0}$ mm;粗车外圆 $\phi 147_{-0.6}^{0}$ mm,内孔倒角 2×45°	小端面和内圆

续表 4-5

工序号	工序内容	定位基准
5	粗车:粗车端面保持尺寸 $32_{-0.35}^{0}$ mm;粗车外圆 $\phi 101_{-1}^{0}$ mm	大端面和内圆
6	拉孔:拉内孔 $\phi 59.245_{0}^{0.03}$ mm	大端面
7	精车:光基面 H 切深为 $2_{-0.2}^{0}$ mm 及倒角 $1.6 \times 45°$	内孔
8	精车:精车小端面,至基面 H 厚为 $43_{-0.34}^{0}$ mm;精车大圆两端面厚为 $30_{-0.28}^{0}$ mm,保证深 $1_{-0.2}^{0}$ mm;精车外圆 $\phi 145_{-0.28}^{0}$ mm,精车外圆 $\phi 98.5_{-0.23}^{0}$ mm	基面 H 和内孔
9	车:车槽深至 $\phi 90_{-0.46}^{0}$ mm 宽为 $45_{-0.5}^{0}$ mm;倒角 $1.5 \times 45°$	内孔
10	精车:精车内台阶孔 $\phi 78_{-0.4}^{0}$ mm,保持厚度 $35.2_{-0.15}^{0}$ mm 及槽深 0.6 mm	基面 H 和内孔
11	齿坯检验	
12	插齿:插结合齿至尺寸,用综合量规和标准齿套检验	大端面和内孔
13	滚齿:斜齿(一次加工两个),$W = 52_{-0.04}^{0}$ mm、$n = 5$	小端面和内孔
14	电解毛刺:电解斜齿两端毛刺或去齿两端锐边尖角 $0.5 \times 45°$	
15	齿端倒角:结合齿倒圆角,去除插齿后毛刺,打印标记,清洗脏物	大端面和内孔
16	剃齿:剃斜齿 $W = 52.04_{-0.04}^{0}$ mm,$n = 5$	基面 H 和内孔
17	钻:钻油孔 $3 - \phi 3.5$ mm 均布于齿间	大端面和内孔
18	半成品检验	
19	热处理:渗碳、淬火、喷砂	
20	内磨:磨内孔 $\phi 59.5_{-0.012}^{-0.042}$ mm	大端面和分度圆
21	端面磨:磨基面 H 磨量为 0.1 mm;以 H 面定位磨 A 面至 $35_{-0.017}^{0}$ mm	内孔和端面
22	成品检验	
23	入库	

注:* W 为公法线平均长度;n 为跨测齿数。

4.3.2 齿轮机加工工艺过程分析

1. 齿轮加工的定位基准与齿坯加工

定位基准的选择与齿形加工时的安装方式有关,根据基准重合的原则,应选择齿轮的装配基准和测量基准作为定位基准。大批量生产带孔齿轮,为了在大多数工序中尽可以采用统一的定位基准,往往采用心轴安装,所以在齿坯加工时以外圆作粗基准加工出孔和一个端面,然后以孔和加工出的一个端面作精基准加工外圆。这种情况下应控制基准端面相对于内孔的圆跳动,常采用"车(或粘)—拉—车"方案。

单件小批生产带孔齿轮时以外圆找正安装不用专用心轴,在齿坯加工中以轮毂为粗基准,一次安装中加工出内孔、外圆和定位端面。如无凸台可夹也可以外圆为基准,车完一头调头再车另一头。外圆对内孔的径向跳动要求较高。

连轴齿轮的加工对于中小件与轴类零件定位相同,即采用顶尖安装。需以外圆为粗基准加工出顶尖孔,后续工序中以顶尖孔定位。但大型连轴齿轮由于切齿时削力大,为克服切削力直接以轴颈和齿圈端面定位。在齿坯加工中应严格控制齿圈外圆与轴颈的同轴度,定位端面相对于轴颈轴线的跳动量。

2. 齿端加工

齿轮在进行齿形粗加工后要进行齿端加工。齿端加工有倒圆、倒尖、倒棱(图4-3)和去毛刺等方式。倒圆用于停车变速的齿轮;倒尖用于行进中变速的齿轮;倒棱用于需淬火固定啮合齿轮,因为渗碳淬火后这些锐边变得硬而脆;去毛刺用于不需淬火的齿轮。

图4-4为用指状铣刀对齿端进行倒圆加工示意图。倒圆和倒尖都是在齿轮倒角机上进行。倒圆时铣刀在高速旋转的同时,沿圆弧作摆动,加工完一个齿后,工件退离铣刀,经分度再快速向铣刀靠近,加工下一个齿的端部。

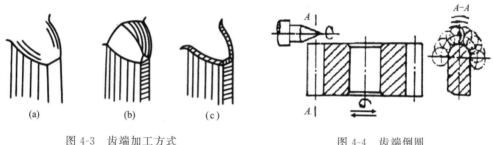

图4-3 齿端加工方式　　　　图4-4 齿端倒圆

3. 精基准的修整

齿轮淬火后基准孔会发生变形,为保证齿形精加工质量,必须先对基准孔及端面加以修正。对外径定心的花键孔,通常在压力机上用花键推刀(比花键拉刀短得多)加以修正。推孔时用加长推刀前引导部的方法来防止推刀歪斜。

对内孔定心的齿轮,常用推孔或磨孔校正,推孔适用于内孔未淬硬的齿轮,磨孔适用于整体淬火内孔较硬的齿轮或内孔较大、齿宽较小的齿轮。磨孔时应以齿轮分度圆定心,定心夹具如图4-5所示。在推杆9的作用下,弹簧薄片卡盘2径向收缩,卡盘通过卡爪3压在具有保持架4的3个滚柱6上,滚柱压在工件齿槽中夹紧工件。内孔磨完后,推杆缩回,卡爪压力消失,松开工件。

以齿轮分度圆定心,可使后续齿形精加工工序余量较均匀,有利于提高齿形精度。采用磨孔修基准,前面工序应留加工余量,采用推孔法修基准可不留加工余量。

4. 轮齿的加工方案

渐开线齿形的加工方法按加工原理可分为仿形法与展成法。各种加工方法的加工精度及适用范围如表4-6所示。

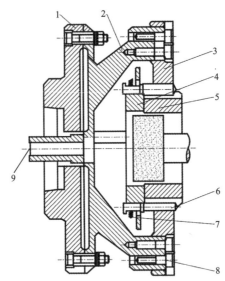

1.过渡盘；2.弹簧薄片卡盘；3.卡爪；4.保持架；5.工件；6.滚柱；7.弹簧；8.螺钉；9.推杆。

图 4-5 齿形表面定位磨内孔夹具

表 4-6 常见的齿形加工方法

齿形加工方法		刀具	机床	加工精度及适用范围
仿形法	成形铣齿	模数铣刀	铣床	加工精度及生产效率均较低,一般加工精度为 9 级以下
	拉齿	齿轮拉刀	拉床	加工精度及生产效率较高,适用于在大量生产中加工内齿轮、锥齿轮、扇形齿轮、专用拉刀价格高
展成法	滚齿	齿轮滚刀	滚齿机	通常可加工 6~10 级精度齿轮,最高能达 4 级,常用于加工直齿、斜齿的外圆柱齿轮和蜗轮,生产效率高,适应性广
	插齿	插齿刀	插齿机	通常可加工 7~9 级精度齿轮,最高达 6 级,用于加工内、外啮合的齿轮(包括阶梯齿轮)、扇形齿轮、齿条等,生产效率较高,通用性大
	剃齿	剃齿刀	剃齿机	可加工 5~7 级精度齿轮,主要用于齿轮滚插预加工后淬火前的精加工,生产效率高
	珩齿	珩磨轮	珩齿机或剃齿机	可加工 6~7 级精度齿轮,多用于经过剃齿和高频淬火后齿形的精加工
	磨齿	砂轮	磨齿机	可加工 3~7 级精度齿轮,多用于齿形淬硬后的精密加工,生产效率比较低,加工成本高

不同情况的齿轮齿形加工工艺方案有以下几种:

(1) 9 级精度齿轮,一般滚齿、插齿、铣齿都可满足。对于淬硬齿轮,可以在淬火前将齿形加工精度提高一级,表面淬火可以保证 9 级。

(2) 8 级精度齿轮,滚齿、插齿都可达到,若需齿面淬火则应淬火前将加工精度提高一级,或高频淬火后珩齿。

(3) 7 级(含 8 和 7)精度齿轮,可用滚(插)—剃齿方案。淬硬齿轮小批量可滚(插)—高频淬火—磨齿;大批量生产可用滚(插)—剃齿—高频淬火—珩齿方案。后者生产率较前者高。

(4) 5~6 级精度淬硬齿轮可用粗滚—精滚—剃齿—高频淬火—珩(磨)齿方案。

4.3.3 齿轮的热处理

1. 毛坯热处理

齿坯粗加工之前,对于锻造或铸造的毛坯必须安排预备热处理。通常可采用正火或调质。正火可细化晶粒,改善切削性能,降低内应力,减少淬火时的变形和开裂倾向。调质也可细化晶粒,尤其可提高材料的综合机械性能,特别是韧性,但切削性能略有下降。棒料的正火或调质可安排在齿坯粗加工之后进行。因为棒料粗加工余量往往比较大,安排热处理可消除粗加工形成的内应力。

2. 轮齿的热处理

为了提高齿面的硬度及耐磨性,常安排齿面淬火。高频淬火适用于小模数齿轮;超音频感应淬火适用于模数 3~6mm 的齿轮;中频感应淬火适用于大模数齿轮。这类淬火比普通淬火加热时间短,轮齿变形小,齿面氧化脱碳少,内孔往往缩小 0.01~0.05mm。

对于渗碳合金钢制造的齿轮在齿形加工完后要进行渗碳。气体渗碳是将工件加热至 900~950℃高温,通入渗碳气体(天然气、煤气,也可滴入煤油或丙酮)经高温裂解后产生活性炭原子,被工件表面吸收,气体渗碳平均渗入厚度为 0.2~0.25mm/h。渗碳后可采用直接淬火法、一次淬火法或二次淬火法。直接淬火是把工件从渗碳温度直接在油中淬火,然后在 170~200℃低温回火。此法生产率高,成本低,缺点是淬火后表层和心部组织比另两种方法粗,性能较差,只适用于本质细晶粒钢与含 Ti、V 的合金渗碳钢(如 20CrMnTi)。一次淬火是渗碳后先空冷,再加热至 850~900℃淬火与低温回火,因空冷相当于正火,此法可使心部晶粒细化。二次淬火法是将工件一次淬火后再在 700~780℃淬火与低温回火。两次淬火可使表里晶粒都细化,但工艺复杂,成本高。

氮化是将工件(38CrMoAlA 制造)置于 520~560℃高温中,使活性氮原子渗入表层,氮化层硬度高,但渗层薄,由于氮化加热温度低(500~560℃)不需淬火,工件变形小。氮化具有很高的耐磨性、耐蚀性,疲劳强度高且具有较高的红硬性,多用于高速传动中的耐磨齿轮。

4.4 齿形加工的夹具

齿形加工时,夹具应能保证工件相对于机床和刀具的正确快速安装。在单件小批及大件生产中由于做专用夹具成本过高,往往采用以齿坯外圆找正定位安装,不需做专用夹具。在成批生产及大批大量生产中都要设计专用夹具。除连轴齿轮可用顶尖安装或套筒安装外,加工带孔齿轮的专用夹具一般都使用心轴与工件孔相配合。带花键孔的工件可用花键心轴,无花键孔者可用圆柱心轴,图 4-6 滚齿夹具为花键轴定位,手动夹紧,可用于成批生产。图 4-7 滚齿夹具用圆柱心轴外面的滚珠定位并夹紧,由于采用机动夹紧,可用于大批大量生产。图 4-8 滚齿夹具用于全自动滚齿机床上的齿形加工。图 4-9 滚齿夹具用于加工较大直径的齿圈齿形。

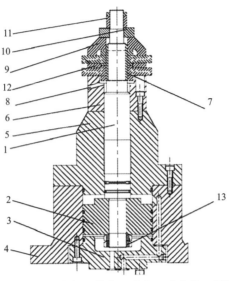

1.芯轴;2.活塞;3.接盘;4.底座;5.轴套;6.垫套;7.定位套;8.通孔;9.压紧套;
10.开口垫圈;11.紧固螺母;12.压紧垫圈;13.圆螺母。

图 4-6　齿轮滚齿夹具(一)

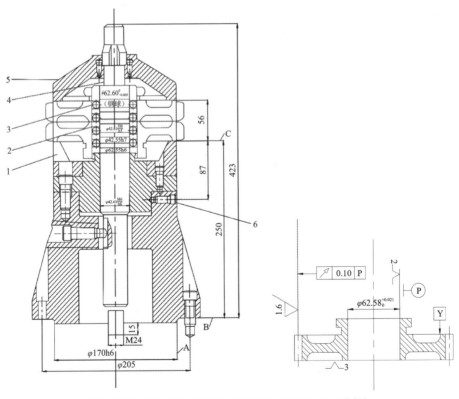

1.定位支座;2.滚珠心轴;3.滚珠;4.拉杆;5.开口压板;6.调节螺钉。

图 4-7　齿轮滚齿夹具(二)

第 4 章 圆柱齿轮加工

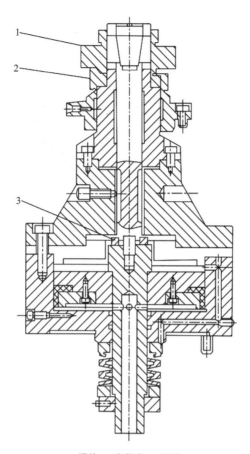

1.滑块；2.定位盘；3.垫圈。

图 4-8 斜楔内胀滚齿夹具

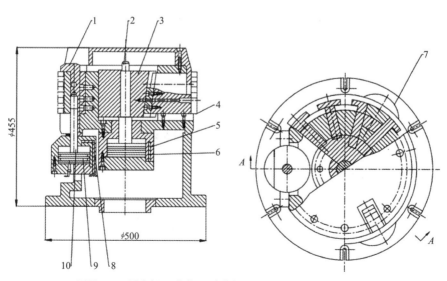

1.压板；2、10.活塞杆；3.楔块；4.定位板；5、8.油缸；6、9.活塞；7.定位块。

图 4-9 大齿圈液动滚齿夹具

如图4-6所示夹具是在滚齿机床上滚切盘形齿轮时使用的一种典型夹具。工件以端面和花键孔、槽定位,限制6个自由度,定位芯轴1下部与底座4相配合,芯轴下端用圆螺母13固紧在底座下端的活塞2上,拧紧芯轴上端的紧固螺母11,可将齿轮压紧在底座上,底座上的校调圆用以检查和调整芯轴1轴线与工作台回转轴线的同轴度。

该夹具的特点是定位元件(芯轴1)在工作中不传递夹紧力,定位可靠,同时夹具结构及其简单,当需要加工不同孔径的齿轮时,只需更换芯轴即可,更换时,可从底座侧面窗口松开圆螺母13,不需拆卸底座。

如图4-7所示夹具是另一种滚齿机床夹具,工件在滚齿加工以前,其外圆、端面和内孔均加工过。

工件以大端面及内孔定位,安装在定位支座1和滚珠心轴2上,共限制5个自由度。滚珠心轴中装有4圈滚珠(每圈6个),夹紧后可保证与工件定位孔无间隙配合,开口压板5通过与油缸(未表示出)连接的拉杆4实现机动夹紧。卸工件时,先让油缸使拉杆4反向(向上)松开工件,然后将开口压板5转过90°退出,即可快速卸下取出工件。

为了提高夹具本身的安装精度,定位支座1可以通过调整螺钉6调节径向位置。该夹具定心精度高,操作方便,同时还可实现多件加工。

图4-8所示夹具用于全自动滚齿机床,加工双联齿轮的齿部。

工件以内孔及端面在滑块1和定位盘2上定位。在碟形弹簧的作用下。通过斜楔机构使工件定位并夹紧。

工作完毕后,油缸进油压缩碟形弹簧,松开工件。垫圈3用以控制油缸活塞行程。

图4-9所示夹具用于滚齿机床,滚切大齿圈齿部。也可用于立式车床车削大齿圈外圆。一次滚切安装8件。

工件以内孔及端面在径向定位块7及定位板4上定位。当油缸5上端通入压力油时,活塞6带动活塞杆2下移,楔块3使12个径向定位块7向外伸出,使工件定位。然后3个油缸8工作,活塞9带动活塞杆10,使3个可摆动的压板1将工件夹紧。

第 5 章　典型机械加工工艺及装备

5.1　车削加工及车床

在机械制造中,切削加工属于材料去除加工,虽然此种方法的材料利用率比较低,但由于它的加工精度和表面质量高,因此至今仍是一种重要的加工方法。

机器零件的大小不一、形状和结构各异,切削加工方法也多种多样,其中常用的有车削、钻削、拉削、铣削和磨削等。尽管它们在基本原理方面有许多共同之处,但由于所用机床和刀具不同,切削运动形式各异,所以它们有着各自的工艺特点及应用。

5.1.1　车削的工艺特点及其应用

在零件的组成表面中,回转面用得最多,主运动为工件回转的车削,特别适于加工回转面,也可以加工工件的端面,故比其他加工方法应用得更加普遍。为了满足加工的需要,车床类型很多,主要有卧式车床、立式车床、转塔车床、自动车床和数控车床等。

1. 车削的工艺特点

车削的工艺特点如下:

(1)易于保证工件各加工面的位置精度。车削时,工件绕某一固定轴线回转,各表面具有同一回转轴线,故易于保证加工面间同轴度的要求。

(2)切削过程比较平稳。除了车削断续表面之外,一般情况下车削过程是连续进行的,不像铣削和刨削,在一次走刀过程中刀齿有多次切入和切出,产生冲击,并且当车刀几何形状、背吃刀量和进给量一定时,切削层公称横截面积是不变的。因此,车削时切削力基本上不发生变化,车削过程比铣削和刨削平稳。

(3)适用于有色金属零件的精加工。某些有色金属零件因材料本身的硬度较低、塑性较大,若采用砂轮磨削,软的磨屑易堵塞砂轮,难以得到很光洁的表面。因此,当有色金属零件表面粗糙度 Ra 值要求较小时,不宜采用磨削加工,而要用车削或铣削等。

(4)刀具简单。车刀是刀具中最简单的一种,制造、刃磨和安装均较方便,这就便于根据具体加工要求,选用合理的角度。因此,车削的适应性较广,并且有利于加工质量和生产效率的提高。如图 5-1 为常见的车刀。

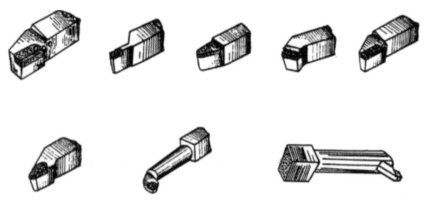

图 5-1 常见的车刀

2. 车削的应用

在车床上使用不同的车刀或其他刀具,通过刀具相对于工件不同的进给运动,就可以得到相应的工件形状。例如:刀具沿平行于工件回转轴线的直线移动时,可形成内、外圆柱面;刀具沿与工件回转轴线相交的斜线移动时,则形成圆锥面。在仿形车床或数控车床上,控制刀具沿着某条曲线运动可形成相应的回转曲面。利用成形车刀作横向进给,也可加工与切削刃相应的回转曲面。车削还可以加工螺纹沟槽、端面和成形面等。加工精度可达 IT8~IT7,表面粗糙度 $Ra0.8 \sim 1.6$。

车削常用来加工单一轴线的零件,如直轴和一般盘、套类零件等。若改变工件的安装位置或将车床适当改装,还可以加工多轴线的零件(如曲轴、偏心轮等)或盘形凸轮。图 5-2 为车削曲轴和偏心轮工件安装的示意图。

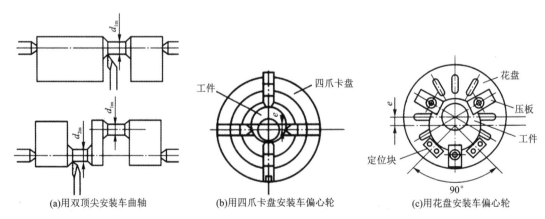

图 5-2 车削曲轴和偏心轮工件安装的示意图

在单件小批生产中,各种轴、盘、套等类零件多选用适应性广的卧式车床或数控车床进行加工;直径大而长度短(长径比 L/D 为 0.3~0.8)的重型零件,多用立式车床加工。

成批生产外形较复杂,且具有内孔及螺纹的中小型轴、套类零件(图 5-3)时,应选用转塔车床进行加工。

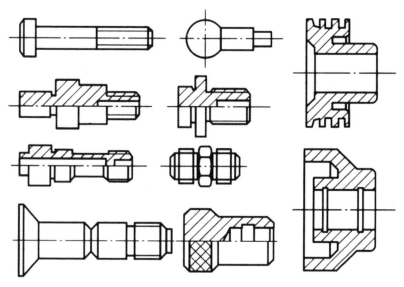

图 5-3 转塔车床加工的典型零件

大批大量生产形状不太复杂的小型零件,如螺钉螺母管接头、轴套类等(图 5-4)时,多选用半自动和自动车床进行加工。这种方法生产率很高但精度较低。

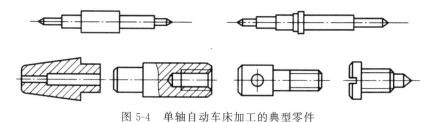

图 5-4 单轴自动车床加工的典型零件

5.1.2 数控车床

数控车床是采用数控技术进行控制的车床,是目前国内使用量最大、覆盖面最广的一种机床。它将编制好的加工程序输入数控系统中,由数控系统通过 X、Z 坐标轴伺服电动机控制车床进给运动部件的动作顺序、移动量和进给速度,再配以主轴的转速和转向,便能加工出各种形状的轴类或盘套类回转体零件。数控车床从成形原理上讲与普通车床基本相同,但与普通车床相比又具有更强的通用性、灵活性和更高的加工效率、加工精度。

1. 数控车床的加工特点

与传统车床相比,数控车床比较适合车削具有以下要求和特点的零件:

(1)精度要求高的回转体零件。数控车床的刚性好,制造和对刀精度高。数控车削时刀具运动是通过高精度插补运算和伺服驱动来实现的,能方便和精确地进行人工补偿甚至自动补偿,所以数控车床能加工尺寸精度要求高的零件,在有些场合甚至可以以车代磨。

(2)表面形状复杂的回转体零件。数控车床具有直线和圆弧插补功能,部分车床数控装置还有某些非圆曲线插补功能,可以车削由任意直线和平面曲线组成的形状复杂的回转体零件。数控车床既能加工可用方程描述的曲线,也能加工列表曲线。

(3)表面粗糙度小的回转体零件。利用数控车床的恒线速度切削功能,可选用最佳线速度来切削端面,这样切削出的零件不仅表面粗糙度小,而且一致性好。

(4)带横向加工的回转体零件。对于带有键槽径向孔、端面有分布的孔系以及有曲面的盘套或轴类零件,可选择车削加工中心,由于加工中心有自动换刀系统,一次装夹可完成普通机床多个工序的加工。

(5)特殊类型螺纹的零件。数控车床不但能车削任意等螺距的直面、锥面和端面螺纹,而且还能车削增螺距减螺距螺纹,以及螺距要求高的螺纹、变螺距之间平滑过渡的螺纹和变径螺纹。数控车床还配有精密螺纹切削功能再加上其采用硬质合金成形刀片,车削出来的螺纹精度高、表面粗糙度小。

(6)超精密、超低表面粗糙度的零件。录像机磁头、激光打印机的多面反射体、复印机的回转鼓、照相机等光学设备的透镜及其模具,以及隐形眼镜等要求超高轮席精度和超低表面粗糙度值的零件,都适合在高精度、多功能的数控车床上加工。

2. 数控车床的种类

(1)按机床的功能分类可分为经济型数控车床、全功能型数控车床、车床加工中心和FMC车床。

经济型数控车床(或称简易型数控车床)是在卧式普通车床基础上改进而成的。一般采用步进电动机驱动的开环伺服系统,其控制部分常用单片机实现,自动化程度和功能较差,加工精度也不高。图5-5所示为一种经济型数控车床。

图5-5 经济型数控车床

全功能型数控车床由专门的数控系统控制,进给多采用半闭环直流或交流伺服系统,机床精度也相对较高,多采用 CRT 显示,具有高刚度、高精度和高效率等优点。这种车床可同时控制两个坐标轴,即 X 轴和 Z 轴。图 5-6 为一种全功能型数控车床。

图 5-6 全功能型数控车床

车床加工中心在全功能型数控车床的基础上增加了动力刀座或机械手,更高级的车床加工中心还带有刀库,在工件一次装夹后,可完成回转体零件的车、铣、钻、铰和攻螺纹等多工序的复合加工。如图 5-7 所示为带有刀库的车床加工中心。

图 5-7 带刀库的车床加工中心

FMC 车床是柔性制造系统(FMS)中的柔性加工单元,由数控车床、机器人等构成,能实现加工、调整、准备的自动化和工件搬运、装卸的自动化。图 5-8 为柔性制造系统的组成示意图,图 5-9 为柔性制造系统的现场图。

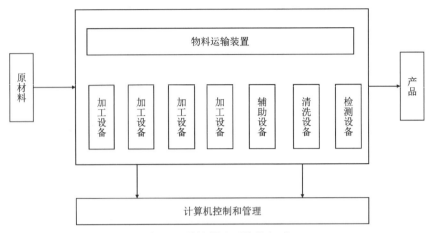

图 5-8　柔性制造系统的组成

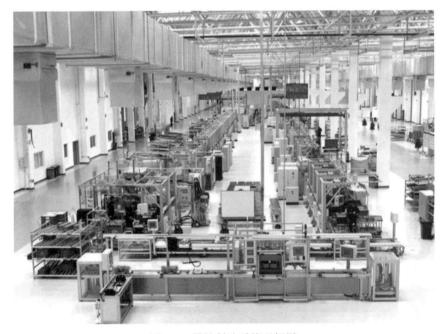

图 5-9　柔性制造系统现场图

(2)按主轴的配置形式分类可分为卧式数控车床和立式数控车床。

卧式数控车床如图 5-10 所示,主轴轴线处于水平位置,可分为水平导轨卧式数控车床和倾斜导轨卧式数控车床。倾斜导轨结构可使车床具有更大的刚性,并易于排除切屑。

立式数控车床如图 5-11 所示,简称数控立车,车床主轴垂直于水平面,并有一个直径较大的圆形工作面,用以装夹工件。此类数控车床主要用于加工径向尺寸大、轴向尺寸相对较小的大型复杂零件。

(3)按刀架数目分类可分为单刀架数控车床和双刀架数控车床。

单刀架数控车床如图 5-12 所示,这类车床一般配置有各种形式的单刀架,如四工位卧式自动转位刀架或多工位转塔式自动转位刀架。

图 5-10 卧式数控车床

图 5-11 立式数控车床

图 5-12 单刀架数控车床

双刀架数控车床如图 5-13 所示,这类车床的双刀架配置一般平行分布,也可相互垂直分布。

图 5-13 双刀架数控车床

3. 数控车床的组成与结构特点

数控车床主要由数控系统和机床本体组成,其外形与普通车床相似。数控系统包括控制电源、伺服控制器、主机、编码器及显示器等;机床本体包括床身、主轴箱、自动回转刀架、进给传动系统电动机、冷却系统、润滑系统和安全保护系统等。

与传统车床相比,数控车床的结构具有以下特点:

(1)数控车床刀架两个方向的运动分别由两台伺服电动机驱动,用伺服电动机直接与丝杠连接带动刀架运动,传动链短,不必使用交换齿轮、光杠等传动部件。伺服电动机与丝杠间也可用同步带或齿轮副连接。

(2)多功能数控车床采用直流或交流主轴控制单元来驱动主轴,使其按控制指令做无级变速,主轴之间不必用多级齿轮副来进行变速,床头箱内的结构比传统车床简单很多。数控车床另一个结构特点是刚度大,这是为了与控制系统的高精度控制相匹配,以便适应高精度加工。

(3)数控车床刀架移动一般采用滚珠丝杠副,拖动轻便。滚珠丝杠副是数控车床的关键机械部件之一,滚珠丝杠两端安装的转动轴承是配对安装的专用轴承,其压力角比常用的向心推力球轴承要大得多。

(4)为了拖动轻便,数控车床的润滑比较充分,大部分采用油雾自动润滑。

(5)数控机床的价格较高,控制系统的寿命较长,所以数控车床的滑动导轨也要求耐磨性好,一般采用镶钢导轨。

(6)数控车床还具有加工冷却充分、防护较严密等特点,自动运转时一般都处于全封闭或半封闭状态。

5.2 铣削加工及铣床

铣削也是平面的主要加工方法之一。铣床的种类很多,常用的是升降台卧式铣床和立式铣床。图 5-14 为在卧式铣床和立式铣床上铣平面的示意图。

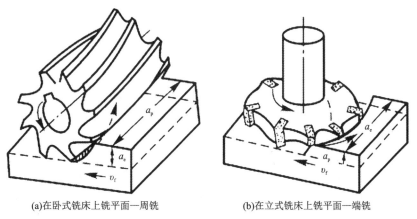

(a)在卧式铣床上铣平面—周铣　　(b)在立式铣床上铣平面—端铣

图 5-14　铣平面

5.2.1　铣削的工艺特点及其应用

1. 铣削的工艺特点

铣削的工艺特点如下:

(1)生产率较高。铣刀是典型的多齿刀具,铣削时有几个刀齿同时参加工作,并且切削刃较长;铣削的主运动是铣刀的旋转,有利于高速铣削。

(2)容易产生振动。铣刀的刀齿切入和切出时产生冲击,并将引起同时工作刀齿数的增减。在切削过程中每个刀齿的切削层厚度 h 随刀齿位置的不同而变化,引起切削层横截面积变化。因此,在铣削过程中铣削力是变化的,切削过程不平稳,容易产生振动,这就限制了铣削加工质量和生产率的进一步提高。

(3)刀齿散热条件较好。铣刀刀齿在切离工件的一段时间内,可以得到一定的冷却,散热条件较好。但是,切入和切出时热和力的冲击将加速刀具的磨损,甚至可能引起硬质合金刀片的碎裂。

2. 铣削的应用

铣削的形式很多,铣刀的类型和形状更是多种多样,再配上分度头、圆形工作台等的应用致使铣削加工范围较广,主要用来加工平面(如水平面、垂直面和斜面)、沟槽、成形面和切断等。加工精度一般可达 IT8～IT7,表面粗糙度 $Ra1.6～3.2$。单件小批生产中,加工小、中型工件多用升降台式铣床(卧式和立式两种)。加工大型工件时,可以采用龙门铣床。龙门铣床与龙门刨床相似,有 3～4 个可同时工作的铣头,生产率高,广泛应用于成批和大量生产中。

5.2.2 数控铣床

数控铣床是以铣削为加工方式的数控机床,加工精度高,加工零件形状复杂,加工范围广。它不仅可以加工平面和曲面轮廓零件,还可以加工复杂型面零件,如凸轮叶片、模具、螺旋槽等,同时还可以对零件进行钻、打、铰、镗孔和攻螺纹加工,在航空航天、汽车制造、模具制造、军工等行业应用十分广泛。

1. 数控铣床的加工特点

数控铣床除了能像普通铣床那样加工各种零件表面外,还能加工普通铣床不能加工的、需要 2～5 个坐标联动的各种平面轮廓和立体轮廓。适合数控铣削加工的对象主要有以下几种:

(1)平面曲线轮席类零件,是指具有内、外复杂曲线轮廓的零件,特别是由数学表达式给出的非圆曲线和列表曲线等曲线轮廓的零件。被加工表面平行、垂直于水平面或加工面与水平面夹角为定值的零件是数控铣床加工的最简单的常见零件。平面曲线轮廓类零件特点是加工单元面为平面,或可以展开为平面。

(2)变斜角类零件,是指加工面与水平面夹角呈连续变化的零件。这类零件多数为飞机零件,此外还有检验夹具与装配型架等。

(3)空间曲面轮廓零件的加工面为空间曲面。曲面通常由数学模型设计出来,借助计算机来辅助编程。空间曲面轮廓不能展开为平面,在加工时加工面与铣刀始终为点接触,如鼠标、叶片、模具、螺旋槽等。

(4)其他在普通铣床上难加工的零件有形状复杂、尺寸繁多、划线与检测困难部位;在普通铣床上加工时难以观察、测量和控制进给的内、外凹槽;高精度孔系或面(如发动机缸工体);能在一次安装中顺带铣出来的简单表面或形状;采用数控铣削后能成倍提高生产率,大大减轻劳动强度的一般加工零件。

2. 数控铣床种类

(1)按数控铣床的构造分类可分为工作台升降式数控铣床、主轴头升降式数控铣床、数控仿形铣床和龙门式数控铣床。

工作台升降式数控铣床如图 5-15 所示,其特点是工作台可移动、升降,而主轴不动,预留数控接口。小型数控铣床一般采用此种方式。

图 5-15　工作台升降式数控铣床

主轴头升降式数控铣床如图 5-16 所示,其特点是工作台可纵向和横向移动,且主轴沿垂直溜板上下运动。此类数控铣床在精度保持、承载重量、系统构成等方面具有较多优点,已成为数控铣床主流。

数控仿形铣床如图 5-17 所示,主要用于各种不规则的三维曲面和复杂边界的铣削加工,有手动、轮廓、部分轮廓数字仿形等多种仿形方式。

龙门式数控铣床如图 5-18 所示,其特点是铣床主轴可以在龙门架的横向与垂直溜板上运动,而龙门架则沿床身纵向运动。大型数控铣床因要考虑扩大行程、缩小占地面积及刚性等技术上要求,往往采用龙门架移动式。

图 5-16 主轴头升降式数控铣床

图 5-17 数控仿形铣床

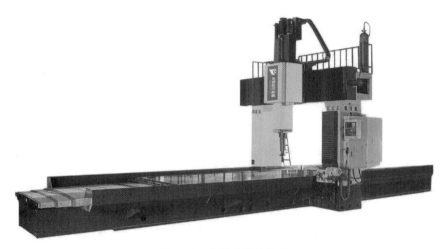

图 5-18 龙门式数控铣床

（2）按主轴轴线位置方向分类可分为立式数控铣床、卧式数控铣床、立卧两用数控铣床和多功能机床。

立式数控铣床如图 5-19 所示，应用范围也最广。目前三坐标数控立铣在应用中仍占多数，除此之外为四坐标和五坐标数控立铣。

图 5-19 立式数控铣床

卧式数控铣床如图 5-20 所示，其特点是主轴轴线平行于水平面，通过操控转盘或万能数控转盘回转来改变工位进行"四面加工"。

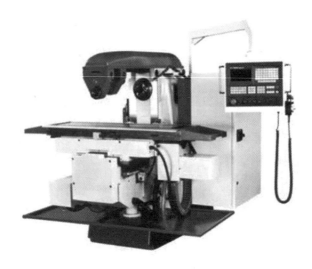

图 5-20 卧式数控铣床

立卧两用数控铣床如图 5-21 所示,其特点是主轴方向可以转换,特别在生产批量小、品种较多,又需要立、卧两种方式加工时,能做到一台机床既可立式加工,又可卧式加工。

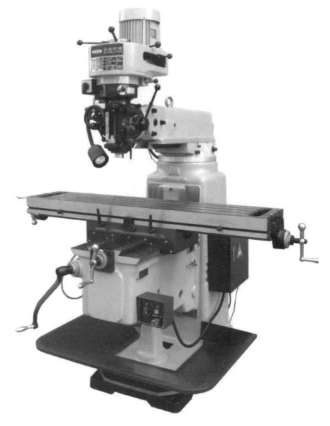

图 5-21 立卧两用数控铣床

多功能机床如图 5-22 所示,其特点是集成车、钻、铣等 3 种功能,纵、横向机动走刀,主轴无级变速,预留数控接口,适用于小型企业生产。

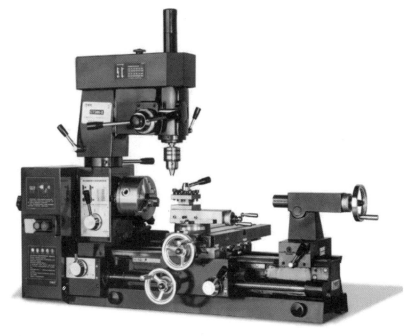

图 5-22 多功能机床

(3)按机床数控系统控制的坐标轴数量分类可分为二轴半坐标、三坐标、四坐标、五坐标联动数控铣床。

二轴半坐标联动数控铣床只能进行 X、Y、Z 3 个坐标轴中任意两个坐标联动加工。

三坐标联动数控铣床能进行 X、Y、Z 3 个坐标轴联动加工,目前三坐标联动数控铣床占大多数。

四坐标联动数控铣床主轴能绕 X、Y、Z 3 个坐标轴和其中 1 个轴做数控摆角运动。

五坐标联动数控铣床主轴能绕 X、Y、Z 3 个坐标轴和其中 2 个轴做数控摆角运动。

(4)其他分类。

按照运动轨迹数控铣床可分为点位控制数控铣床、直线控制数控铣床和轮席控制数控铣床。

按照伺服系统的控制方式可分为开环控制数控铣床、闭环控制数控铣床和半闭环控制数控铣床。

按照系统功能可分为经济型数控铣床、全功能型数控铣床和高速型数控铣床。

3. 数控铣床组成与加工特点

数控铣床形式多样,不同类型的数控铣床在组成上虽有所差别,但有许多相似之处。数控铣床主要由主传动系统、进给伺服系统、数控系统、辅助装置和机床基础件 5 个基本组成部分。

(1)主传动系统包括主轴箱和主轴传动系统,用于装夹刀具并带动刀具旋转。主轴转速范围和输出转矩对加工有直接的影响。

(2)进给伺服系统由进给电动机和进给执行机构组成,其按照程序设定的进给速度实现刀具和工件之间的相对运动,包括直线进给运动和旋转运动。

(3)数控系统是数控铣床运动控制的中心,执行加工程序,控制机床进行加工。

(4)辅助装置为液压、气动、润滑、冷却系统和排屑、防护等装置。

(5)机床基础件通常指底座、立柱、横梁、工作台等,是整个机床的基础和框架。

数控铣床具有以下加工特点:

(1)加工灵活、通用性强。数控铣床的最大特点是高柔性、灵活、通用、万能,可以加工不同形状的工件。在数控铣床上能完成钻孔、镗孔、铰孔、铣平面、铣斜面、铣曲面、铣槽、攻螺纹等加工。在一般情况下,可以一次装夹就完成所需要的加工工序。

(2)加工精度高。目前数控装置的脉冲当量一般为 0.001mm,高精度的数控系统能达到 $0.1\mu m$,通常情况下都能保证工件精度。另外,数控加工还避免了操作人员的操作失误,同一批加工零件的尺寸同一性好,很大程度上提高了产品质量。数控铣床在加工各种复杂模具时更具有优越性。

(3)数控系统档次高。控制机床运动的坐标特征是为了把工件上各种复杂的形状轮廓连续加工出来,因此必须控制刀具沿设定的直线、圆弧或空间的直线、圆弧轨迹运动,这就要求数控铣床的伺服拖动系统能在多坐标方向同时协调动作,实现多坐标联动。数控铣床要控制的坐标数起码是三坐标中任意两坐标联动;要实现连续加工直线变斜角工件,起码要实现四坐标联动;若要加工曲线变斜角工件,则要求实现五坐标联动。数控铣床所配置的数控系统在档次上一般都比其他数控机床相对更高一些。

(4)生产率高。数控铣床通常不使用专用夹具等专用工艺设备。在更换工件时,只需调用储存于数控装置中的加工程序、装夹工件和调整刀具数据即可,大大缩短了生产周期。其次,数控铣床具有铣床、镗床和钻床的功能,使工序高度集中,生产率大大提高并减少了工件装夹误差。另外,数控铣床主轴转速和进给速度都是无级变速,有利于选择最佳切削用量。数控铣床具有快进、快退、快速定位功能,可大大减少机动时间。据统计,与普通铣床加工相比,数控铣床加工可将生产率提高 3~5 倍,对于复杂的型面加工,生产率可提高十几倍甚至几十倍。

(5)劳动强度低。数控铣床对零件加工是按预先编好的加工程序自动完成的,操作者除了操作键盘、装卸工件、中间测量及观察机床运行外,不需要进行繁重的、重复性的手工操作,大大减轻劳动强度。

5.3 磨削加工及磨床

用砂轮或其他磨具加工工件,称为磨削。本节主要讨论用砂轮在磨床上加工工件的特点及其应用。磨床的种类很多,较常见的有外圆磨床、内圆磨床和平面磨床等。

5.3.1 磨削的工艺特点及其应用

1. 磨削的工艺特点

磨削的工艺特点如下:

(1) 精度高、表面粗糙度值小。磨削时,砂轮表面有较多的切削刃,并且刃口圆弧半径较小。磨削所用的磨床,比一般切削加工机床精度高,刚度及稳定性较好,并且具有微量进给的机构(表5-1),可以进行微量切削,从而保证了精密加工的实现。

表 5-1 不同机床微量进给机构的刻度值

机床名称	立式铣床	车床	平面磨床	外圆磨床	精密外圆磨床	内圆磨床
刻度值/mm	0.05	0.02	0.01	0.005	0.002	0.002

磨削时切削速度很高,如普通外圆磨削速率为 30～35m/s,高速磨削速率大于 50m/s。当磨粒以很高的切削速度从工件表面切过时,同时有很多切削刃进行切削,每个磨刃仅从工件上切下极少量的金属,残留面积高度很小,有利于形成光洁的表面。

因此,磨削可以达到高的精度和小的粗糙度值。一般磨削精度可达 IT7～IT6,表面粗糙度 $Ra0.2～0.8$,当采用小粗糙度磨削时,表面粗糙度 Ra 可达 $0.008～0.1$。

(2) 砂轮有自锐作用。磨削过程中,砂轮的自锐作用是其他切削刀具所没有的。一般刀具的切削刃,如果磨钝或损坏,则切削不能继续进行,必须换刀或重磨。而砂轮由于本身的自锐性,使得磨粒能够以较锋利的刃口对工件进行切削。实际生产中,有时就利用这一原理进行强力连续磨削,以提高磨削加工的生产效率。

(3) 背向磨削力 F_p 较大。与车外圆时切削力的分解类似,磨外圆时总磨削力 F 也可以分解为3个互相垂直的分力,其中 F_c 称为磨削力,F_p 称为背向磨削力,F_f 称为进给磨削力。在一般切削加工中切削力 F_c 较大。而在磨削时,由于背吃刀量较小,砂轮与工件表面接触的宽度较大,致使背向磨削力 F_p 大于磨削力 F_c,一般情况下,$F_p \approx (1.5～3)F_c$,工件材料的塑性越小,F_c/F_p 比值越大。

(4) 磨削温度高。磨削时的切削速度为一般切削加工的 10～20 倍。在这样高的切削速度下,加上磨粒多为负前角切削,挤压和摩擦较严重,消耗功率大,产生的切削热多。又因为砂轮本身的传热性很差,大量的磨削热在短时间内传散不出去,在磨削区形成瞬时高温,有时高达 800～1000℃。

2. 磨削的应用

过去磨削一般常用于半精加工和精加工,随着机械制造业的发展,磨床、砂轮、磨削工艺和冷却技术等都有了较大的改进,磨削已能经济地、高效地切除大量金属。又由于日益广泛地采用精密铸造模锻、精密冷轧等先进的毛坯制造工艺,毛坯的加工余量较小,可不经车削、铣削等粗加工,直接利用磨削加工,达到较高的精度和表面质量要求。因此,磨削加工获得了越来越广泛的应用和迅速的发展。

磨削可以加工的工件材料范围很广,既可以加工铸铁、碳钢合金钢等一般结构材料,也能够加工高硬度的淬硬钢硬质合金、陶瓷和玻璃等难切削的材料。但是,磨削不宜精加工塑性较大的有色金属工件。

磨削可以加工外圆面、内孔、平面、成形面螺纹和齿轮齿形等各种各样的表面,还常用于各种刀具的刃磨。

5.3.2 数控磨床

数控磨床是基于数控技术利用磨具对工件表面进行磨削加工的机床。大多数的磨床使用高速旋转的砂轮进行磨削加工,少数的使用油石、砂带等其他磨具和游离磨料进行加工,如珩磨机、超精加工机床、砂带磨床、研磨机和抛光机等。

1. 数控磨床的加工特点

(1)要求重点保证加工质量同时又能高效生产中、小批量关键零件。数控磨床能在计算机控制下实现高精度、高质量、高效率的磨削工。相比于专用磨床加工而言,它能节省许多专用工艺装备,同时具有很强的柔性制造能力,从而可获得较好的经济效益。和普通磨床比,它能排除复杂加工的长工艺流程中许多人为的干扰因素,加工零件精度一致性和互换性好,加工效率高。

(2)零件的加工批量应大于普通磨床批量。非数控磨床加工中、小批量零件时,由于各种原因,纯切削时间只占实际工时的10%~30%。在磨削加工中心这一类多工序集中的数控磨床上加工时,这个比例有可能上升到70%~80%,但准备调整工时又往往要长的多,所以零件批量太小时就会变得不经济。

(3)加工的零件应符合能充分发挥数控磨床多工序集中加工的工艺特点。数控磨床加工零件时,砂轮切削工件的情况与对应的非数控磨床是完全一样的,但它可进行一些有加工精度要求的复合加工,如在磨削范围方面,普通磨床主要用于磨削圆柱面、锥面或阶梯轴肩的端面普通磨床磨削、数控外圆磨床除此外,还可磨削圆环面以及以上各种形式的复杂的组合表面。

(4)一些特殊零件加工的考虑。有一些零件虽然加工批量很小,但形状复杂、质量高,要求互换性好,这在非数控磨床上无法达到上述要求,只能安排到数控磨床上加工,如摆线凸轮以及特殊型面的反射镜镜面等。

2. 数控磨床的种类

数控磨床分为数控平面磨床、数控无心磨床、数控内/外圆磨床、数控立式磨床、数控坐标磨床等。

数控平面磨床如图5-23所示,主要用于磨削工件平面的磨床。砂轮主轴有水平布置和垂直布置两种,工作台作往复运动。

数控无心磨床如图5-24所示,简称无心磨床,用于磨削圆柱形外表面。工件在磨削时,不需要采用工件的轴心定位。

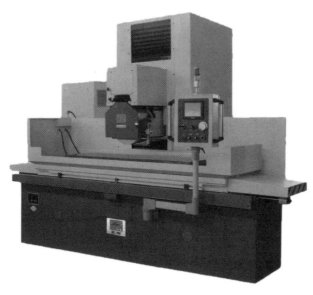

图 5-23 数控平面磨床

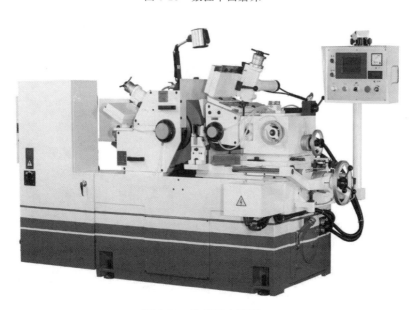

图 5-24 数控无心磨床

数控内圆磨床如图 5-25 所示,主要用于磨削圆柱形和圆锥形内表面。砂轮主轴一般水平布置。

数控外圆磨床如图 5-26 所示,主要用于磨削圆柱形和圆锥形外表面的磨床。工件装夹在头架和尾架之间进行磨削。

数控坐标磨床如图 5-27 所示,主要用于磨削尺寸、形状和位置精度要求较高的孔隙和型腔。数控坐标磨床具有精密坐标定位装置的磨床。

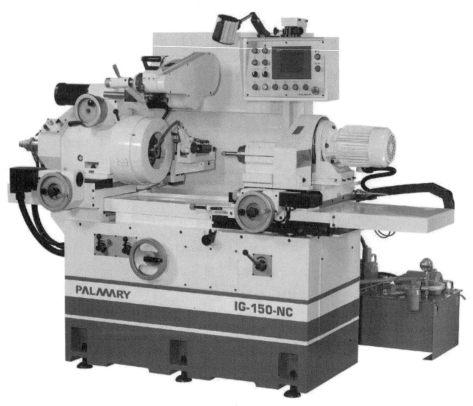

图 5-25 数控内圆磨床

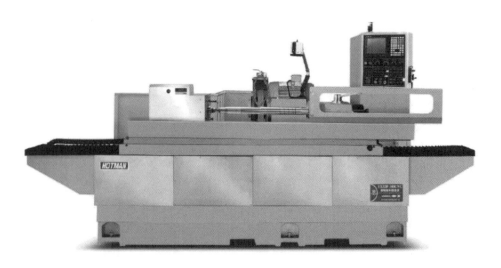

图 5-26 数控外圆磨床

图 5-27　数控坐标磨床

5.4　组合机床

当零件批量大时,为了提高生产率、保证重复精度,往往采用组合机床组成的流水线或自动线加工。

组合机床是由按标准化、系列化、通用化设计的通用部件和按加工对象的形状、尺寸及加工工艺要求设计的专用部件组成的一种多工序高效机床。

组合机床的特点是设计制造周期短,因通用部件是组合机床生产厂预先制造的,用户只需按需要购买,再配以少量专用部件;由于通用部件已标准化、系列化,可提高制造精度降低成本,质量可靠;且自动化程度高,便于维修、更换少量专用件可适应新的加工对象,所以便于产品更新。组合机床广泛用于大批量生产及成批生产,可用于孔加工、平面加工、沟槽加工、成形表面和螺纹加工。

5.4.1　组合机床的组成

组合机床的组成如图 5-28 所示,由图可见,组合机床由通用部件和专用部件组成。
通用部件包括动力部件、支承部件、输送部件、控制部件、辅助部件。
(1)动力部件:传递动力的部件。
切削头:完成刀具切削运动的部件,如铣削头、镗铣头、钻削头和车削头等。

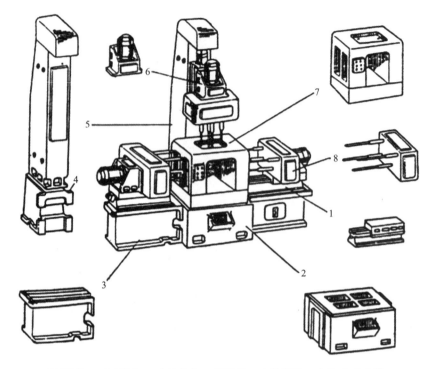

通用部件:1.动力滑台;2.中间底座;3.侧底座;4.立柱底座;5.立柱;6.动力箱。
专用部件:7.夹具;8.主轴箱及夹具。
图 5-28 典型组合机床组成图

动力滑台:完成进给运动的部件,如机械滑台,液压滑台。

(2)支承部件:支承动力部件、夹具等的基础件,包括侧底座、立柱、主柱底座、中间底座等,其强度刚度对于组合机床的精度和寿命影响较大。

(3)输送部件:完成夹具和工件的移动或转位。如移动工作台、回转工作台、回转鼓轮等。

(4)控制部件:控制组合机床按预定程序完成工作循环,包括各种液压元件、操纵板、控制挡块及按钮台等。

(5)辅助部件:完成辅助工作,包括冷却装置、自动夹紧气动装置、液压装置、机械扳手、气动扳手、排屑装置等。

专用部件包括主轴箱和夹具。

(1)主轴箱(多轴箱)使各主轴获得一定位置和转速。主轴箱是根据加工对象设计的,其轴孔的数量、尺寸的大小、位置分布由工件决定。但箱内齿轮、主轴、传动轴、隔套、轴承、箱体大都是通用标准件。

(2)夹具:属于组合机床上的专用部件。对组合机床的加工精度、生产率、使用性能有很大影响。

5.4.2 组合机床的配置形式

组合机床的基本配置型式有单工位组合机床和多工位组合机床两大类,每类中又有多种配置方式。

1. 单工位组合机床

工件被夹压在机床的固定夹具上,根据被加工面的数量(单面和多面)和位置(水平、垂直和倾斜)布置动力部件(图 5-28)。这种单工位组合机床通常只能对各个加工部位同时进行一次加工,能够保证各加工面有较高的相互位置精度,适用于大、中型箱体件的加工。单工位组合机床根据主轴的布置不同又分为卧式、立式、倾斜式和复合式,如表 5-2 所示。

表 5-2 单工位组合机床布置形式

卧式:机床可配置成单面、双面和多面形式		倾斜式:主轴倾斜布置,可配置成单面、双面和多面形式	
立式:主轴垂直布置,只有单面布置形式		复合式:立、卧两种组合或立、卧、斜 3 种的组合	

2. 多工位组合机床

工件及其夹具由输送部件依次送到各加工工位,能对加工部位进行多次加工。这种机床通常设有单独的装卸工位,使辅助时间与机动时间相重合,生产率较高,适用于大批、大量生产各种形状复杂的中、小型工件。多工位组合机床依输送部件又分为以下 4 种(表 5-3)。

(1) 回转工作台式组合机床:工作由分度回转工作台输送到各工位顺次加工。动力部件按工序分布于工作台周围,卧式或立式安装均可。这种机床适用于对工件的顶面和侧面进行多工序加工。

(2) 鼓轮式组合机床:工件装夹在鼓轮的棱面或端面上,鼓轮回转轴常为水平安装。动力部件布置在鼓轮两侧。通过鼓轮的回转分度,将工件顺次送各工位进行加工。这种机床可以同时从两个相对的方向加工,如在鼓轮的径向安置动力部件,还可从第三个方向加工。

(3) 中央立柱式组合机床:工件由环形分度回转工作台输送。动力部件安装在工作台中央的多面体立柱上,也可在工作台周围布置卧式或倾斜式动力部件。这种机床适用于加工有相互垂直要求的孔和面的复杂零件,不用中央立柱时也可在工作台中央布置卧式动力部件。

(4) 往复移动工作台式组合机床:工件由往复移动工作台输送,动力部件布置在工作台的两侧,一般为两工位;若移动工作台采取适当定位机构,也可成为三工位的。这种机床在同一时间内只能有一个工位加工,且装卸时间与加工时间不能重合,适用于大、中型工件的中批量生产。

表 5-3 组合机床多工位配置形式

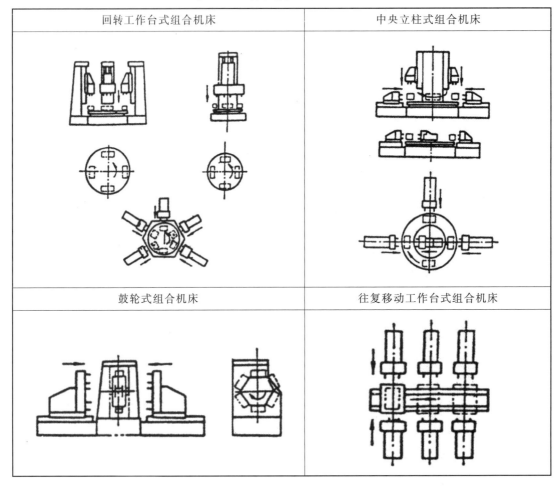

5.4.3 自动生成线

将组合机床组成的流水线上各机床之间的工件运送、转位及其在夹具中的走位夹压等自动化,并用控制系统将各机床及其辅助装置动作联起来,按规定程序自动工作叫自动线。自动线的配置形式与工件输送方式有关。工件的输送方式有直接输送式、间接输送式及悬挂输送式等,可根据工件形状选用。图 5-29 为折线通过式直接输送组合机床自动线平面布置示意图。当无合适的输送基面或有色金属,将工件装在随行夹具上,输送带将夹具和工件一起依次输送到各个工位。这种自动线又称为随行夹具自动线。这种方式能方便地实现多品种加工,但要求每个随行夹具在各工位上必须精确定位,且夹具精度会逐渐下降,还要增设随行夹具返回装置,增加了自动线成本和所需面积。

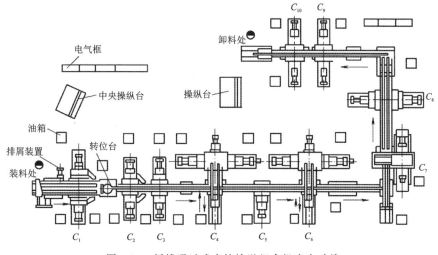

图 5-29 折线通过式直接输送组合机床自动线

5.5 激光加工及装备

5.5.1 激光加工原理

激光加工是一种利用光能进行加工的方法。激光是一种能量密度高、方向性强、单色性好的相干光。激光蚀除加工的物理过程大致可分为材料对激光的吸收和能量转换,材料的加热熔化、气化、蚀除产物的抛出等几个连续阶段。

(1)材料对激光的吸收和能量转换。激光入射到材料表面上的能量,一部分被材料吸收用于加工,另一部分能量被反射、透射等损失掉。材料对激光的吸收与波长、材料性质、温度、表面状况、偏振特性等因素有关。

(2)材料的加热熔化、气化。材料吸收激光能,并转化为热能后,其受射区的温度迅速升高,首先引起材料的气化蚀除,然后才产生熔化蚀除。

(3)蚀除产物的抛出。由于激光束照射加工区域内材料的瞬时急剧熔化、气化作用,加工区内的压力迅速增加,并产生爆炸冲击波,使金属蒸气和熔融产物高速地从加工区喷射出来,熔融产物高速喷射时所产生的反冲力,又在加工区形成强烈的冲击波,进一步加强了蚀除产物的抛出效果。

5.5.2 激光加工的特点

(1)激光加工不需要工具,故不存在工具损耗、更换调整工具等问题,因此适于自动化连续操作。

(2)不受切削力的影响,保证加工精度。

(3)几乎能加工所有的金属和非金属材料。如果是透明材料,可采取色化或打毛措施后再加工。

(4)加工速度快,效率高,热影响区小。

(5)能进行微细加工,如深的微孔(直径小至几微米,长径比达几十至上百)及小至几微米的窄缝。

(6)可透过玻璃等透明介质对工件进行加工,这在某些情况下是非常便利的(如工件需要在真空中加工等)。

(7)无加工污染,在大气中无能量损失。

5.5.3 激光打孔工艺及装备

激光打孔是激光加工的主要应用之一。采用激光可以打小至几微米的微孔。目前激光打孔技术已广泛用于火箭发动机和柴油机的燃料喷嘴、宝石轴承、金刚石拉丝模、化纤喷丝头等微小孔的加工中。

1. 激光打孔原理及设备

激光束被聚焦为一个极小的光斑,其直径仅有几微米到几十微米,而能量密度却可达 $10^8 \sim 10^{10} W/cm^2$,温度达1万℃以上,能在千分之几秒甚至更短的时间内使各种坚硬或难熔材料熔化和气化。在激光加工区内,工件被激光照射的局部区域的温度迅速升高,使该点材料熔化甚至气化,气体迅速膨胀,压力突增,熔融物以极高速度喷出,且产生强烈反冲击波作用于加工区。工件材料在高温熔融和冲击波的同时作用下便被打出一个小孔。

激光打孔设备如图 5-30 所示,适用于金刚石、红宝石、陶瓷、橡胶、塑料以及硬质合金、不锈钢等各种材料。

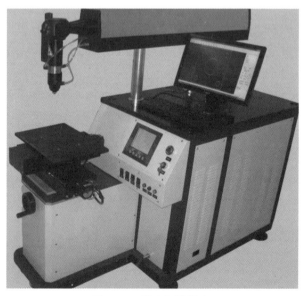

图 5-30 激光打孔设备

2. 激光打孔方式

目前比较成熟的激光打孔方法有复制法和轮廓迂回法两种。

复制法是脉冲激光器广泛采用的打孔方法。它是采用与被加工孔形状相同的光点进行复制打孔的。被加工孔的形状和尺寸与光线的形状和尺寸有关。此外还与光学、机械等系统及工艺规范有关。

轮廓迂回法加工是用加工的孔以一定的位移量连续地彼此叠加而形成所需要轮廓的,在某种意义上说也是激光束的切割。加工工件的轮廓形状和尺寸同样取决于光学、机械等系统及其精度。

5.5.4 激光切割工艺及装备

1. 激光切割原理与设备

激光切割是利用经聚焦的高功率密度激光束照射工件,在超过阈值功率密度的前提下,光束能量以及活性气体辅助切割过程,附加的化学反应热能等被材料吸收,由此引起照射点材料的熔化或气化,形成孔洞;光束在工件上移动,便可形成切缝,切缝处的熔渣被一定压力的辅助气体吹除。

激光切割机如图 5-31 所示,激光切割加工是用不可见的光束代替了传统的机械刀,具有精度高、切割快速、不局限于切割图案限制、自动排版节省材料、切口平滑、加工成本低等特点,将逐渐改进或取代传统的金属切割工艺设备。

激光刀头的机械部分与工件无接触,在工作中不会对工件表面造成划伤;激光切割速度快,切口光滑平整,一般无须后续加工;切割热影响区小,板材变形小,切缝窄(0.1～0.3mm);切口没有机械应力,无剪切毛刺;加工精度高,重复性好,不损伤材料表面;数控编程,可加工任意的平面图,可以对幅面很大的整板进行切割,无须开模具,经济省时。

图 5-31 激光切割机

2. 激光切割质量的影响因素

激光切割质量的影响因素如下：

(1) 激光功率。激光功率增加，其切割速度和工件的切割厚度增加，但切割效率降低。确定切割速度和切割厚度的主要参数是激光的功率和材料的性能。切割质量与切割前沿温度有重要关系，而后者又是激光功率和切割速度的函数。

(2) 光束模式。光束模式与它的聚焦能力有关。最低阶模是基模式分布，它几乎可把光束聚焦到理论上最小的尺寸，如百分之几毫米直径，并发出最陡、最尖的高能量密度。而高阶或多模光束的能量分布较扩张，经聚焦的光斑较大而能量密度较低，用它来切割材料犹如一把钝刀。光束模式示意图如图 5-32 所示。

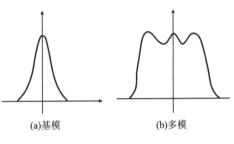

图 5-32　光束模式示意图

光束模式涉及腔内激光沿着平行于腔轴一个或多个通道振荡的能力。基模激光是沿着腔轴发生的，在输出总功率相同的情况下，基模光束焦点处的功率密度比多模光束高两个数量级。

对切割来说，基模光束因可聚焦成较小光斑，而可获得高的功率密度，这比高阶模光束有利。用它来切割材料，可获得窄的切缝、平直的切边和小的热影响区，其切割区重熔层最薄，下侧粘渣程度最轻，甚至不粘渣。

当功率小时，激光束模式一般为基模，功率超过 1.5kW 时通常为多模。基模激光经透镜聚焦，可以切割 0.1～0.25mm 的窄缝，切割面整洁。多模激光聚焦光斑直径不可能很小，切缝宽度在 0.8mm 以上。

(3) 焦点位置。焦点位置对熔深和熔池形状的影响很大。这种影响对切割虽不像对焊接那样大，但无疑会影响切割质量。

(4) 辅助气体。使用什么样的辅助气体，牵涉有多少热量附加到切割区的问题。如分别使用氧气和氩气作为辅助气体切割金属时，热效果就会出现很大的不同。氧助切割钢材时，来自激光束的能量仅占切割能量的 30%，而 70% 来自氧与铁产生的放热化学反应能量；但有些材料的氧助切割化学反应太激烈，会引起切边粗糙。

所以，像切割铌和钽那样的活性金属，推荐使用 20%～50% 氧气作辅助气体，或者直接使用空气。当要求获得高的切边质量时，也可用惰性气体，如切割钛。

非金属切割对气体密度或化学活性要求没有金属那样敏感，如当切割有机玻璃时，气体压力对切割厚度并无明显影响。

5.5.5 激光焊接工艺及装备

1. 激光焊接原理与设备

激光焊接过程属传导焊接,即激光辐照加热工件表面,产生的热量通过热传导向内部传递。通过控制激光脉冲的宽度、能量、峰值功率和重复频率等参数,在工件上形成一定深度的熔池,而表面又无明显的气化。焊接所用激光的功率较低,输入的热量较小。激光焊接已经成功地应用于微电子器件等小型精密零部件的焊接以及深熔焊接等,激光焊接机如图5-33所示。

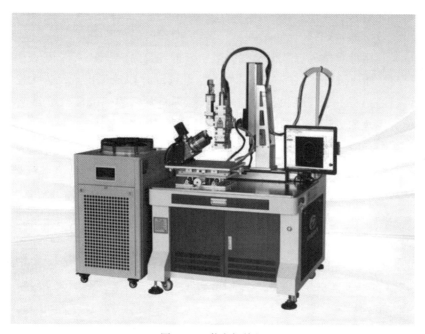

图 5-33 激光焊接机

2. 激光焊接方法

按用于焊接的激光器的工作方式不同,可分为脉冲激光焊接与连续激光焊接。其中,脉冲输出的红宝石激光器和钕玻璃激光器适合于点焊,连续输出的二氧化碳激光器和YAG激光器适合于缝焊。

和其他焊接方法相比,激光焊接有其显著的优点,但也有其局限性。高功率低阶模激光经聚焦后,其焦斑直径很小,功率密度达 $10^6 \sim 10^8 \text{W/cm}^2$,比电弧焊高出几个数量级。

由于功率密度大、功率大,激光焊接过程中,在金属材料上生成小孔,激光能量通过小孔往工件的深部传输,而较少横向扩散,因而在激光束的一次扫描过程中,材料熔合的深度大,焊接速度快,单位时间焊合的面积大。焊缝深而窄,深宽比大。传统熔焊焊缝呈半圆形,深宽比的典型值只为0.5左右。

5.6 增材制造及装备

5.6.1 增材制造概述

增材制造(AM)自 20 世纪 80 年代出现以来,迅速引起工程界的关注。增材制造又称 3D 打印(3DP),是一种分层制造产品的制造工艺。"增材"技术是一种与传统减材不同的技术,可提升材料的利用率和降低材料的制备成本,满足现在市场的需求。随着各行业的迅速发展、产品的迭代升级,快速成形制成关键零部件、设计复杂结构产品和追求产品性能稳定已成为现在的制造行业的主要目标,增材制造提供了制造复杂设计的灵活性,以相对较少的时间和成本生产出复杂产品,以更好地满足客户需求,从而提高经济竞争力。

增材制造是利用计算机进行数据模型的建立分析,用户将 CAD 文件转化为 STL 格式保存,然后将 STL 文件通过打印设备进行模型的制造,3D 打印成形出产品。无论是哪种增材制造技术,其共性特点是一种分层制造的成形原理,即将复杂的三维模型切分成上千层断面,再将这些断面分别叠加成形在一起,形成三维实体。如图 5-34 所示,在进行增材制造之前需要有一个数字模型,并对该数字模型进行分层(常称之为切片)[图 5-34(a)]。然后将切片数据送入增材制造设备实施一层层的叠加成形[图 5-34(b)]。叠加成形完成后得到如图 5-34(c)所示的三维实体,并进行必要的后续处理后得到最终需要的物件。

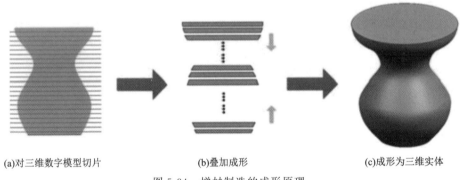

(a)对三维数字模型切片　　　　　(b)叠加成形　　　　　(c)成形为三维实体

图 5-34　增材制造的成形原理

上述分层叠加成形原理是所有不同种类增材制造设备的共性技术路线,增材制造前将三维数字模型转变为切片数据是必需的,对于不同的增材制造技术其前期的切片方法及原理均是相同的。而叠加成形过程则有不同的材料和不同的方法,对成形物件的后续处理也有多种不同的方法。

5.6.2 熔丝沉积成形及其装备

目前增材制造技术的种类可以分为:液态树脂光固化成形(stereo lithography apparatus,SLA)、粉床式的激光选择性粉末烧结成形(selective laser sintering,SLS)、粉床式的激光选择性粉末熔融成形(selective laser melting,SLM)、同轴送粉式的激光粉末熔化成形(美国称之为激光工程化净成形技术)(laser engineered net shaping,LENS)、熔丝沉积成形(fused deposition modeling,FDM)和薄材叠层成形(laminated object manufacturing,LOM)。表5-4为增材制造技术应用特点,表5-5为各种增材制造技术优缺点对比。限于篇幅,本节着重针对机械工程生产实习中会用到的FDM技术及其装备进行阐述。

表5-4 增材制造技术应用特点

材料形态	成型工艺	打印材料
液态材料	液态树脂光固化成形(SLA)	光敏树脂
	数字光处理技术(DLP)	光敏树脂
	三维印刷成形(3DP)	聚合材料、蜡
	石膏3D打印(PP)	UV墨水
丝状材料	熔丝沉积成形(FDM)	热塑性材料、低熔点金属、食材
	电子束自由成形制造(EBF)	钛合金、不锈钢等
薄层材料	薄材叠层成形(LOM)	纸、金属膜、塑料薄膜等
粉末材料	直接金属激光烧结(DMLS)	镍基、钴基、铁基合金、碳化物复合材料、氧化物陶瓷等
	电子束熔化成形(EBM)	钛合金、不锈钢等
	激光选择性粉末熔融成形(SLM)	镍合金、钛合金、钴铬合金、不锈钢、铝等
	激光选择性粉末烧结成形(SLS)	热塑性塑料颗粒、金属粉末、陶瓷粉末
	选择性热烧结(SHS)	热塑性粉末
	激光粉末熔化成形(LENS)	钛合金、不锈钢、复合材料等

表5-5 增材制造技术特点对比

打印方式	优点	缺点	材料
SLS	多种材料同时烧结,不须支撑结构,材料利用率高	设备昂贵、复杂,成形件表面粗糙多孔,成型过程中会产生有毒气体	热塑性塑料、金属、陶瓷粉末
FDM	成本低,成形件翘曲变形小,可选材料范围广	层间强度差,需设计支撑结构,成形表面有条纹	热塑性塑料、高黏度有机材料
SLA	成形精度高,可以制作复杂零件,成形表面质量好	需要设计支撑结构,液态树脂有气味和毒性,并且要避光操作	光敏树脂
DLP	光源价格低,固化速度快,打印分辨率高,高可靠性	批量打印分辨率差,需要设计支撑结构,树脂温度不能过高,工作温度不能超过100℃	光敏树脂
3DP	成本低、易操作维护、加工速度快、可以打印彩色原型	表面粗糙、易碎,不能做功能性材料	陶瓷粉末、金属粉末、硅胶(黏结剂)

熔丝沉积成形技术,最早于1988年由美国的Scott S. Crump发明并申请专利。1989年Crump成立Stratasys公司,1992年Stratasys公司推出第一台名为3D MODELER的设备。1992年,Stratasys公司获得专利权,1993年推出第一台FDM-1650机型,工作尺寸为250mm×250mm×250mm。

1. 熔丝沉积成形(FDM)概述

FDM 技术是将丝状材料(主要是 ABS、人造橡胶、铸蜡和聚酯热塑性塑料等)通过特定的热源进行熔化,然后挤出,逐层叠加成型,主要是通过送丝装置连续地将已经制备好的丝状材料辊压带动到挤出口,在挤出口成熔化或者半熔化的状态。由于材料的快速冷却凝固,所以可以实现迅速打印成型,但是在成型具有复杂结构的设计件时,会出现坍塌、挤出中断等问题,因此还要考虑设计支撑结构。支撑结构的设计很重要,它对制备复杂镂空结构的零部件起到至关重要的作用,并且支撑结构还要容易去除,不妨碍后续的处理,且不改变部件的结构。1999 年 Stratasys 公司开发出水溶性支撑材料,有效地解决了复杂、小型孔洞中的支撑材料难以去除或无法去除的难题。

图 5-35 为 FDM 成形系统的基本结构。它主要由机架、工作台、Y 轴驱动电机及其传动机构、卷丝盘、丝材、送丝机构、X 轴驱动电机及其传动系统、加热挤出嘴、Z 轴驱动电机及其传动系统等组成。

图 5-36 为 FDM 的操作过程示意图。它是将热熔性丝材(通常为 ABS 或 PLA 材料)先缠绕在卷丝盘上,由送丝机构的步进电机驱动送丝辊子旋转,丝材在主动辊与从动辊的摩擦力作用下送入加热挤出头。在加热挤出头的上方有电阻丝式加热器,在加热器的作用下丝材被加热到临界半流动的熔融状态。然后通过送丝辊的送入作用,把材料从加热的挤出头挤出到工作台上。在供料辊和喷嘴之间有一导向套,导向套采用低摩擦力材料制成以便丝材能够顺利准确地由供料辊送到加热挤出头的内腔。

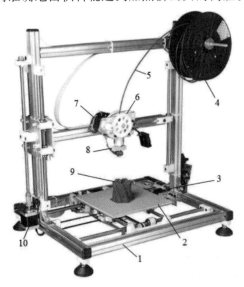

1.机架;2.工作台;3.Y 轴驱动电机;4.卷丝盘;
5.丝材;6.送丝机构;7.X 轴驱动电机;
8.加热挤出嘴;9.成形件;10.Z 轴驱动电机。

图 5-35 FDM 设备的组成

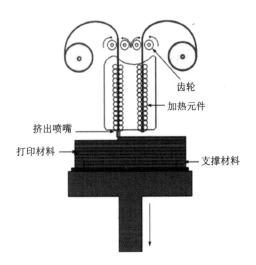

图 5-36 FDM 成形技术原理图

2. FDM 工艺的优缺点及其应用

FDM 的优点如下：
(1) 操作环境干净、安全，可在办公室环境下进行(没有毒气或危险化学物质，不使用激光)。
(2) 工艺干净、简单，易于操作且不产生垃圾。
(3) 表面质量较好，可快速构建瓶状或中空零件。
(4) 原材料以卷轴丝的形式提供，易于搬运和快速更换(运行费用低)。
(5) 原材料费用低，材料利用率高；可选用多种材料，如可染色的 ABS 和医用 ABS、PC、PPSF、蜡丝、聚烯烃树脂丝、尼龙丝、聚酰胺丝和人造橡胶等。

FDM 的缺点如下：
(1) 加工精度较低，难以构建结构复杂的零件，成形制件精度低，最高精度不如 SLA 工艺。
(2) 与截面垂直的方向强度低；成形速度相对较慢，不适合构建大型制件，特别是厚实制件。
(3) 喷嘴温度控制不当容易堵塞，不适宜更换不同熔融温度的材料。
(4) 悬臂件需加支撑，不宜制造形状复杂构件。

FDM 适合制作薄壁壳体原型件，该工艺适合于产品的概念建模及形状和功能测试，中等复杂程度的中小原型。如用性能更好的 PC 和 PPSF 代替 ABS，可制作塑料功能产品。

3. FDM 装备

与其他增材制造设备比较，FDM 的优点是不需要价格昂贵的激光器和振镜系统，故设备价格较低；成形件韧性也较好；材料成本低、且材料利用率高；工艺操作简单、易学。因此目前有大量的小型公司制作并销售各种规格的台式 FDM 成形机。图 5-37 是两款市面上销售的台式 FDM 成形机。

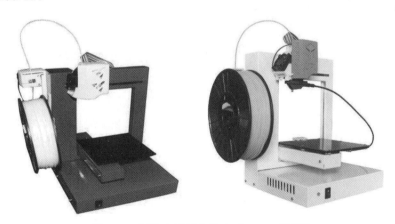

图 5-37 两款市面销售的台式 FDM 成形机

目前有不少公司研制出个人/桌面型的FDM方式的3D打印成形机,2016年初国际知名市场研究公司的研究报告称,个人/桌面级3D打印机正在进入主流市场,2015年前三季度全球3D打印机出货量同比增加了35%,不少公司不遗余力地推动桌面级3D打印机在院校中的应用,甚至学院和大学的3D打印教育中。目前3D打印机已经进驻全美5000多家院校。市面上也有专门销售散装的小型FDM成形机零件,供增材制造技术爱好者自行组装,研究成形工艺,如图5-38所示。图5-39是桌面式FDM打印机,目前此类桌面式打印机网上就有销售。图5-40为双喷头FDM打印机。

图5-38 供个人自行组装的台式FDM成形机

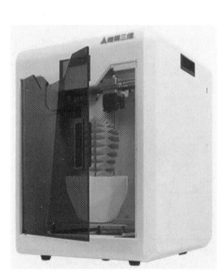
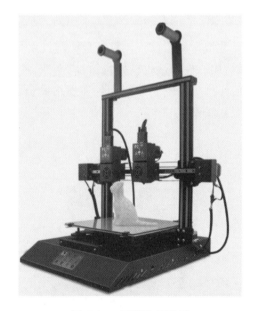

图5-39 桌面式3D打印机　　　　图5-40 双喷头打印机

图5-41是Stratasys公司于1998年推出的FDM-Quantum机型,最大成体积为600mm×500mm×600mm。由于采用了挤出头磁浮定位(Magna Drive)系统,可在同一时间独立控制两个挤出头,因此其成速度为过去的5倍。

图 5-42 是 Stratasys 公司于 1998 年与 MedModeler 公司合作开发专用于一些医院和医学研究单位的 MedModeler 机型，使用 ABS 材料，并于 1999 年推出可使用聚酯热塑性塑料的 Genisys 型改进机型—Genisys Xs，其成形体积达 305mm×203mm×203mm。

图 5-41　FDM-Quantum 型成形机　　　　图 5-42　医学研究用 MedModeler 机型

图 5-43 和图 5-44 为 Stratasys 公司开发的低价位小尺寸工业型 FDM 成形机，其传动机构有钢丝传动和滚珠丝杠传动方式。

图 5-43　小型低价位成形机　　　　图 5-44　小型中等价位成形机

图 5-45 为弘瑞 Z600plus 工业级大型高精度 3D 打印机。成形体积为 570mm×570mm×600mm。

图 5-46 为大昆三维 1m 大尺寸工业级 3D 打印机。成形体积为 600mm×600mm×1000mm。

图 5-47 为领创三维超大尺寸大型 FDM 高精度工业 3D 打印机。成形体积最大可达 1500mm×1500mm×1000mm。

图 5-48 为一些典型打印件。

图 5-45 弘瑞 Z600plus 工业级大型高精度 3D 打印机

图 5-46 大昆三维 1m 大尺寸工业级 3D 打印机

图 5-47 领创三维超大尺寸大型 FDM 高精度工业 3D 打印机

第 5 章 典型机械加工工艺及装备

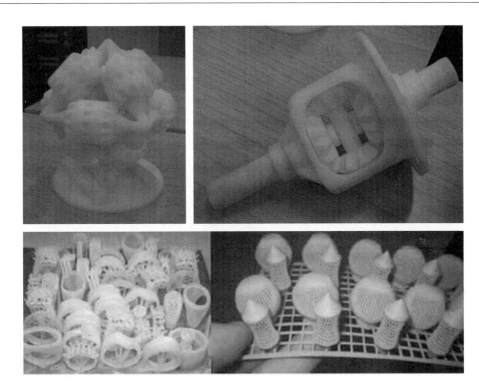

图 5-48 典型打印件

第 6 章 装配工艺

6.1 装配工艺概述

任何机器都是由若干零件和部件所组成的。按技术要求把零件连接成部件的过程称为部件装配;把零件和部件连接成机器的过程称为总装配。

装配是机器制造过程的最后环节,装配质量的好坏在很大程度上影响着整台机器的质量。若装配方法合理,可以补偿机械加工中的误差,进一步提高机器的质量,还能发现不合格零件和生产过程中的薄弱环节。反之,若装配方法不合理,即使机加工零件是合格的,也可能装配出完全不合格的机器。

为了保证装配质量,提高生产率,常把机器划分为可独立装配的"装配单元"(零件、组件、部件),并按一定顺序进行装配。能够反映装配顺序的图形被称为装配工艺系统图。

6.1.1 装配工艺系统图的绘制

某减速器低速轴组件如图 6-1(a)所示,装配工艺系统图如图 6-1(b)所示,绘制步骤如下:

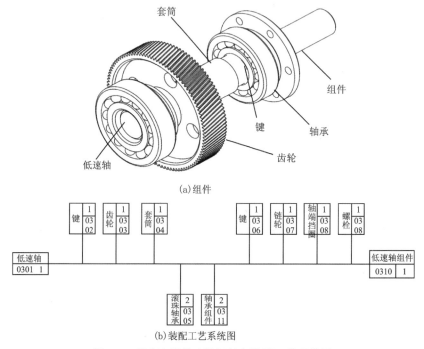

图 6-1 某减速器低速轴组件与装配工艺系统图

(1) 画一条横线,左端画一小长方格代表基准件(如低速轴)。在长方格中注明基准件名称、编号、参与装配的数量。

(2) 横线右端也画一小长方格,代表装后的成品,也要标明名称(如低速轴组件)、编号、数量。

(3) 按从左到右的装配顺序画出装配工艺系统图,将直接进行装配的零件画在横线上面,进入装配的组件画在横线下面。

一台机器比较复杂时,装配工艺系统图也很复杂。这时可将各组件的装配工艺系统图分开绘制。直接进入总装配的部件称为组件;直接进入组件装配的部件称为一级子组件;直接进入一级组件装配的部件称为二级子组件,依次类推。如图6-2所示。

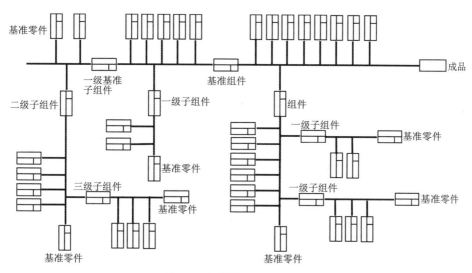

图 6-2 机器装配工艺系统图

6.1.2 装配工艺系统图的作用

(1) 明确成品的装配过程以及装配所用零件的名称、编号、数量。

(2) 便于划分装配工序,确定装配作业计划。同一等级的装配单元在进入总装之前互不相关,可独立地进行装配,以实现平行作业,缩短装配周期。在总装时只要选定基准零件或基准组件,把其余零部件依次装配,实行流水作业。

(3) 在装配作业周期长的重型机器制造中可代替装配工艺过程卡,反映装配进度。

(4) 便于从装配工艺角度分析机器结构的合理性。

(5) 在拆卸不明确装配关系的机器时,边拆边绘制装配工艺系统图,可明确装配关系,便于还原。

6.1.3 保证装配精度的方法

根据不同的装配对象和生产条件,保证装配精度的工艺方法有完全互换法、不完全互换法、选配法、修配法和调整法。

(1)完全互换法。加工合格的零件无须选择和修配,装上后就能达到规定的装配精度。

(2)不完全互换法。按概率法分配各零件的公差,把处于极限尺寸附近的少量超差零件经过挑选或修整装配,绝大部分零件仍可按完全互换法装配。

(3)选配法。对加工后的零件按实际尺寸大小分组,挑对应组进行装配,因组内可以互换,也称分组互换法。

(4)修配法。对加工的零件进行试装,不能达到装配精度要求时,对某一零件尺寸进行修配加工以满足装配精度。

(5)调整法。对加工的零件进行试装后,通过调整某活动件的位置或加减垫片来进行装配以保证装配精度。

汽车生产中绝大多数零件采用完全互换法,发动机中部分要求装配精度高的零件采用分组选配法或调整法。

6.1.4 装配的生产类型

装配的生产类型按装配的批量大致可分为大批、大量生产,中批生产,单件、小批生产3种。它们在装配的组织形式、方法、工艺装备等方面都有所不同,各种生产类型的装配工作的特点见表6-1。

表6-1 各种生产类型装配工作的特点

生产类型	大批、大量生产	中批生产	单件、小批生产
组织形式	通常采用装配流水线,有自由移动式装配或连续移动式和间歇移动式装配,还可采用自动装配机或装配自动线	笨重而批量不大的产品采用具有固定装配台的装配流水线,批量大者采用移动装配式流水线,多品种同时投产用多品种可变节奏装配流水线	采用具有固定装配台的装配流水线进行总装。批量较大的部件也用移动式装配流水线
装配方法	采用完全互换法装配,允许有少量的简单的调整法。精密配合件成对供应,也可用分组互换法装配。没有任何修配工作	主要采用完全互换法装配,也可用调整法、修配法等,以节约加工费用	采用调整法及修配法较多。完全互换件占有一定的比重
工艺过程	工艺过程划分很细,力求达到高的均衡性	工艺过程的划分应适合于批量的大小,尽量使生产均衡	一般不制订详细工艺文件。工序可适当调整,工艺也可灵活掌握
工艺装备	专业化程度高,适宜采用高效率的专用工艺装备,容易实现机械化和自动化	通用设备较多。但也采用一定数量的专用工、夹、量具,以保证装配质量和提高工作效率	一般采用通用设备及通用工、夹、量具
手工操作	手工操作比重小,熟练程度容易提高,便于培养新工人	手工操作比重较大,对工人的技术水平要求较高	手工操作比重大,要求工人有高的技术水平并掌握多方面的工艺知识

从表 6-1 中可以看出,对于不同的生产类型、装配工作的特点都具有其内在的联系,装配方法各有侧重。例如:大量生产汽车、拖拉机、发动机的工厂,所用的装配工艺主要是完全互换法,只允许有少量的、简单的调整法装配,工艺过程必须划分很细,即采用工序分散原则以达到高度的均衡性和严格的节奏性。在具有这样的装配工艺和采用高效率的专用工艺装备的基础上,才能建立移动式装配流水线甚至装配自动线。单件、小批生产则以调整法及修配法为主,完全互换件占有一定比重,工艺灵活性较大,工序集中,工艺文件不详细,设备通用,组织形式以固定装配较多。所以单件、小件生产的装配工作效率是较低的,可以采用固定装配流水线等加以改进,应尽可能采用机械化加工或机械化程度较高的手动工具来代替繁重的手工修配或采用先进的调整法和测试手段来提高工作的效率等。这样装配工作既可进行调度,又可提高生产率和减轻劳动强度,便于保证质量按期完成生产任务。

6.2 发动机装配

汽油发动机是汽车的心脏,是驱动汽车运动机械行走的动力来源。发动机的装配是在发动机厂的装配生产线上进行的,共有 100 多道工序。由于活塞与气缸的配合精度高,装配必须在 15～30℃下进行,所以装配线有一部分在恒温间。

发动机总成装配设主干线一条,在主干线两侧设有分装线,采用小车将组装完毕的组件送往主干线上的装配工位。主干线前部称为内装线,进行曲轴、活塞、连杆总成、凸轮轴及正时齿轮、机油泵和传动齿轮总成,油底壳等发动机内腔零件的装配工作。中间配有翻转夹具,翻转以后称为外装线,在外装线上完成气缸盖、配气系统、水泵、分电器等发动机外部零件安装。待装上变速箱总成后再进行喷漆、烘干,然后安装化油器、发电机、汽油泵、起动机等。装配完毕的发动机进行终检,认定合格后打上标记,运往试车车间。

6.2.1 发动机装配工艺分析

1. 确定装配基础件

汽车发动机由两大机构(曲柄连杆机构和配气机构)和五大系统(进排气系统、供油系统、冷却系统、润滑系统及起动系统)组成。其中曲柄连杆机构里的机体组件(气缸体、气缸盖、缸套和油底壳等)是发动机各机构、各系统的装配基础件,它本身的许多部分又是有关机构和系统的组成部分。

2. 确定主要配合件的装配方法

曲柄连杆机构是发动机的主要部分,其中许多配合件装配精度要求较高。装配方法的选择对产品质量、生产率、制造成本影响很大。为了在装配时既能达到装配精度的要求,又不使零件的制造公差过小而增加制造成本,对活塞与缸孔、活塞销与活塞销孔、活塞销与连杆小头孔等配合都采用了分组造配的方法。活塞重量和连杆大小头重量也采用了分组的方法。

1)活塞与气缸的装配

EQ6100-I 型发动机缸孔直径制造尺寸为 $\phi100_{0}^{0.06}$,活塞直径为 $\phi100_{-0.06}^{0}$,而设计要求二者的配合间隙为 0.05~0.07mm。配合间隙过大,会出现敲缸,机油和汽油串漏,压缩比不够,功率下降;间隙过小,不易形成油膜,易拉缸,甚至使发动机报废。为保证这一配合间隙,需按 0.01mm 的公差将它们分为 6 个不同尺寸组配对装配。分组情况见表 6-2。

表 6-2 缸孔与活塞的分组

组号	缸孔直径系列	活塞外圆直径系列
1	100.000~100.006	99.955~99.961
2	100.006~100.012	99.961~99.967
3	100.012~100.018	99.967~99.973
4	100.018~100.024	99.973~99.979
5	100.024~100.030	99.979~99.985
6	100.030~100.036	99.985~99.991
7	100.036~100.042	99.991~99.997
8	100.042~100.048	99.997~100.003
9	100.048~100.054	100.003~100.009
10	100.054~100.060	10.009~100.015

为保证发动机运转平稳,使活塞运动时的冲击力和惯性力平衡,除曲轴组件进行动平衡外,活塞、连杆也都按重量分组(表 6-3,表 6-4)。把同组重量的活塞,同组重量的连杆装在一个发动机内。同组活塞重量差不大于 89g,连杆不大于 16g。

表 6-3 活塞的重量分组

编组	活塞分组重量值/g	级差/g
A	735~742	7
B	743~751	8
C	752~759	7
D	760~767	
E	768~775	

第 6 章 装配工艺

表 6-4 连杆大小头重量分组

分组色标	大头重量/g	小头重量/g
红	1134±8	420±5
黄	1190±8	420±5
绿	1134±8	450±5
无色	1180±8	450±5
蓝、白	1200±8	485±5
蓝	1226±8	465±5
粉红	1238±8	495±5
蓝、黄	1248±8	525±5

为了更严格控制配合间隙,确保装配质量,活塞与气缸正式装配之前,还要进行预配检查。预配是将连接在弹簧秤上的厚 0.05mm,宽 13mm,长度不小于 200mm 的带形厚薄规紧贴气缸壁放入缸孔内(图 6-3)。用弹簧秤匀速拉出厚薄规,弹簧秤所示拉力在 20～30N 之间为合格。所以气缸与活塞的装配实际是分组与直接选配相结合的复合选配法。

2)活塞连杆总成的装配

活塞销与活塞销孔、连杆小头孔用分组装配法,三者直径均分成 4 组,分别标记为红、黄、绿、白 4 色,尺寸自小而大,装配时同一尺寸组别的零件装在一起。活塞销装配分组情况见表 6-5。为使装配易于进行,装配时应先将活塞加热至 75℃ 左右使配合间隙增大,活塞销即可用手轻轻推入活塞销孔中。发动机工作时活塞销在连杆小头孔及活塞销孔中均可转动,这种全浮式配合有利于延长发动机的寿命。

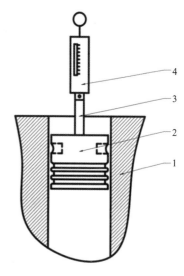

1.缸体;2.活塞;3.厚薄规;4.弹簧秤。
图 6-3 选配活塞示意图

表 6-5 活塞销装配分组尺寸

零件	设计直径尺寸/mm	标记	直径尺寸分组/mm	测量温度/℃	装配温度
活塞销	$28_{-0.01}^{0}$	红色	$28_{-0.01}^{+0.0075}$	10～35	室温
		黄色	$28_{-0.0075}^{+0.005}$		
		绿色	$28_{-0.005}^{+0.0025}$		
		白色	$28_{-0.0025}^{0}$		
活塞销孔	$28_{-0.01}^{0}$	红色	$28_{-0.01}^{+0.0075}$	18～22	75℃
		黄色	$28_{-0.0075}^{+0.005}$		
		绿色	$28_{-0.005}^{+0.0025}$		
		白色	$28_{-0.0025}^{0}$		

续表 6-5

零件	设计直径尺寸/mm	标记	直径尺寸分组/mm	测量温度/℃	装配温度
连杆小头孔	$28^{+0.07}_{-0.05}$	红色	$28^{+0.0075}_{-0.01}$	10～35	室温
		黄色	$28^{+0.005}_{-0.0075}$		
		绿色	$28^{+0.0025}_{-0.005}$		
		白色	$28^{0}_{-0.0025}$		

3) 发动机装配中的调整法

发动机装配中气门间隙、机油调节阀的安装、曲轴与凸轮轴轴向间隙等都是采用调整法装配的。

配气系统的进排气门间隙调整时,排气门间隙应略大于进气门间隙,因为前者温度高于后者。把活塞摇到压缩行程终了位置,按气缸工作顺序和配气相位调整气门间隙。间隙过小,发动机工作时受热膨胀,杆端会紧靠在摇臂或挺杆上,影响气门头部与气门座的密封,使气门关闭不严而漏气、回火;间隙过大,气门开启和关闭时会造成冲击和噪声。

曲轴轴向间隙(连杆大头与曲轴轴颈端面、第四轴承盖与曲轴)应符合技术要求,以保证曲轴位置正确。轴向间隙过大会产生轴向窜动和撞击,活塞上连杆左边受力造成气缸活塞的不均匀磨损;间隙过小受热膨胀后会使零件胀住,增大摩擦甚至无法工作。

活塞顶面与气缸盖底面间隙大小直接影响到发动机的压缩比,对发动机功耗、油耗及起动性能都有较大的影响,应特别注意。

3. 发动机装配中的螺纹连接

在装配中螺纹连接的松紧程度对发动机的装配质量起决定性作用。若拧紧力矩不够,引起松动易造成事故;若拧紧力矩不匀,将使被连接件产生变形,从而造成漏油、漏水、漏气。因而技术要求中对各处螺纹连接规定了相应的紧固力矩(表 6-6)。

表 6-6 发动机螺栓紧固力矩一览表

螺栓	装配力矩/N·m	检查力矩/N·m	螺栓	装配力矩/N·m	检查力矩/N·m
油底壳螺栓	10～20		离合器壳与缸体螺栓	80～100	
正时齿轮盖板螺栓	15～25		前悬置螺栓	80～100	
火花塞	25～35	20～50	飞轮与曲轴螺栓	100～120	
进排气管螺栓	30～40	>30	正时齿轮与凸轮轴螺母	130～160	
摇臂支座螺栓	35～40	35～60	主轴盖螺栓	170～190	170～240
连杆螺栓	80～100	80～135	缸盖螺栓	170～190	170～230

4.2.2 装配工艺过程

EQ6100-I 型发动机总成装配工艺过程如表 6-7 所示。

表 6-7 EQ6100-I 发动机总成装配工艺过程卡片

工序	内容	工序	内容
1	吊缸体	23J	在装配中检查
2	缸孔直径测量分组	24	安装管接头
3	缸体平面回转	25	翻转缸体
4	缸体复合翻转	26	打木封条
5	吊缸体上发动机内装线	27	紧固连杆力矩
6	松主轴承瓦盖	28	连杆力矩复验
7	取瓦盖	29	安装曲轴上正时齿轮半圆键
8	安装曲轴后油封	30	安装曲轴上正进齿轮
8J	中检	30J	中检
9	吹净、吸除铁屑	31	安装前主油道螺塞
9J	中检	32	打定位销
10	装轴瓦	33	安装双头螺栓
10J	中检	34	安装正时齿轮室盖板
11	润滑主轴承轴瓦	35	吹净
11a	润滑主轴承螺栓	36	安装凸轮轴及正时齿轮总成
12	吊曲轴上料架	36J	中检
13	安装曲轴飞轮离合器总成	37	安装挡油片
14	安装组合翻边瓦总成	38	安装正时齿轮室盖
15	安装主轴承瓦盖	38J	中检
16	紧固主瓦盖螺栓	39	安装机油泵总成
17	主轴承盖螺栓力矩复验	39J	中检
17J	中检	40	安装离合器分离叉
18	安装锥形螺塞	41	安装分离叉半圆键
19	安装机油散热器回油螺塞	42	安装离合器外壳底盖
20	安装正时齿轮喷油嘴	43	安装油底壳总成
21	90°翻转缸体	43J	中检
22	安装活塞连杆总成	44	吊缸体、翻转缸体
23	安装边杆瓦盖	45	安装机油标尺管

续表 6-7

工序	内容	工序	内容
46	安装挺杆	68J	中检
46J	中检	69	安装机油滤清器总成
47	安装挺杆室盖板	70	安装油压传感器导管接头
48	安装定位环	71	安装加机油管总成
49	吹净、检查	72	安装进排气管总成
50	擦净顶平面	72J	中检
51	向缸孔注油	73	安装化油器螺栓
52	安装缸垫	74	安装曲轴箱通风单向阀总成
53	安装缸盖	75	安装曲轴箱通风管总成
54	安装缸盖螺栓	76	安装曲轴箱通风管总成支架及放水阀限位板
55	缸盖螺栓力矩复验	77	安装火花塞
55J	中检	77J	中检
56	安装吊钩	78	安装空压机支架
57	安装堵盖板	79	安装空压机总成
58	安装推杆总成	80	安装回油管总成
59	安装汽缸盖罩螺栓	81	安装进油管总成
60	安装摇臂轴总成	81J	中检
60J	中检	82	安装出水管
61	调整气门间隙	83	安装出水阀总成及操纵杆
61J	中检	84	安装离心式机同滤清器总成
62	安装气缸盖罩总成	85	安装交流发电机支架
63	安装曲轴箱通风空气滤清器总成	86	安装离心器外壳检查孔盖板
64	安装分电器传动轴总成	87	安装离心器分离叉臂及拉杆总成
65	卸工艺接头	88	安装变速箱总成
66	安装扭振减振器半圆键	89	安装水泵总成,风扇皮带轮总成
67	安装扭振减振器总成	90	安装小循环管总成
68	安装起动爪	91	安装前景置总成

续表 6-7

工序	内容	工序	内容
91J	中检	101	安装化油器总成
92	不喷漆件的保护	102	安装真空连接管总成
93	擦洗油污	103	安装汽油管总成
94	吊发动机上喷漆悬链	104	安装交流发电机总成
95	喷漆	104J	中检
96	安装分电器总成	105	插机油标尺管总成
97	安装起动机总成	106	打印
98	安装油压传感器	106J	最后检查
99	安装油压过低信号器	107	吊挂发动机
100	安装汽油泵总成		

6.3 变速器装配

变速器装配是在变速箱厂装配线上进行的，主要是手工装配，但使用了随行夹具和一些辅助装配工具。整个装配线呈"口"字形，组件的装配布置在装配线两侧。装配完毕后在试验机上进行运转试验，不合格者剔出返修。

变速器的装配工艺过程如下：

(1)将变速器壳体装于随行夹具上。
(2)用液压机将中间轴(Ⅲ轴)滚柱轴承压入变速器壳体轴承座中。
(3)安放Ⅲ轴和倒挡轴(Ⅳ轴)齿轮于壳体内。
(4)用液压机装Ⅲ轴及滚珠轴承，压装Ⅳ轴。
(5)安装Ⅲ轴轴端防松螺母和轴承端盖。
(6)安放输出轴(Ⅱ轴)和同步器。
(7)用液压机压装Ⅱ轴滚珠轴承。
(8)将随行夹具连同变速器壳体旋转180°安装手制动器。
(9)安装输入轴(Ⅰ轴)和制动毂。
(10)安装变速器顶盖。
(11)安装变速器操纵杆和手制动杆。
(12)在试验机上进行运转试验。

6.4 汽车总装

汽车总装的任务是在总装配线上按照规定的生产节拍把各总成装配成一辆基型汽车，并进行试车和验收,然后将基型汽车送往车厢厂或其他汽车改装厂安装车厢和其他装置,即可向社会提供各种常见的汽车。EQ140 型汽车的装配过程如表 6-8 所示。

表 6-8 EQ140 型汽车的总装配过程工艺过程卡片

工序	内容	工序	内容
1	反装车架于流水线上	11	装操纵杆及方向盘
2	装后桥及弹簧	12	装电路及电瓶
3	装前桥及弹簧	13	装发动机盖、进行汽车检查及调整
4	装支架及油箱、贮气筒	14	自动加油
5	翻转车架	15	自动加水
6	装发动机总成	16	人工检查及调整
7	装水箱、水管、油管	17	计数
8	装车轮	18	试车
9	装大小灯及方向灯	19	发放检验合格证
10	装驾驶室(车身)		

6.5 丰田 8A-FE 发动机拆装实验

1. 实验目的与要求

(1)掌握发动机的基本组成。

(2)掌握各零部件的安装位置。

2. 设备、器材

完整的汽车发动机若干台、发动机附拆装架。

3. 教具与工具

各种扳手、活塞环装卸钳、气门弹簧装卸钳、千斤顶、黄油枪、汽车举升器、吊车。

4. 注意事项

未经指导教师允许,不得乱摸、乱动机件。注意实验安全。

5. 实验内容

(1)观察发动机外部各种装置。

(2)了解发动机内部主要机件。

6. 实训原理

拆装顺序如表6-9所示。

表6-9 丰田8A-FE发动机拆装工艺过程卡片

工序	内容	工序	内容
1	拆下火花塞	31	拆下机油泵总成
2	拆下通风阀分总成	32	拆下发动机机油压力开关
3	拆下气门室盖分总成	33	拆下发动机后油封座
4	拆下2号正时链条或皮带罩	34	拆下机油泵油封
5	拆下曲轴齿轮或皮带轮罩分总成	35	拆下发动机后油封
6	将1号气缸设定在上止点/压缩位置	36	拆下火花塞和密封套
7	拆下凸轮轴皮带轮	37	检查正时皮带
8	拆下正时链条或皮带轮罩分总成	38	检查1号正时皮带惰轮分总成
9	拆下正时皮带轮罩	39	检查惰轮张紧弹簧
10	拆下惰轮张紧弹簧	40	安装火花塞密封套
11	拆下正时皮带	41	安装发动机后油封
12	拆下1号正时皮带惰轮分总成	42	安装机油泵油封
13	拆下横置发动机安装支架	43	安装发动机后油封座圈
14	拆下曲轴正时皮带轮	44	安装发动机机油压力开关
15	拆下1号发动机吊钩	45	安装机油泵总成
16	拆下2号发动机吊钩	46	安装机油滤清器分总成
17	拆下1号发动机吊钩	47	安装油底壳分总成
18	拆下机油尺导管	48	安装气缸盖垫
19	拆下进水管	49	检查气缸盖定位螺栓
20	拆下进水软管	50	安装气缸盖分总成
21	拆下水泵总成	51	安装2号凸轮轴
22	拆下凸轮轴正时皮带轮	52	安装凸轮轴定位油封
23	拆下凸轮轴	53	安装凸轮轴副齿轮
24	拆下凸轮轴副齿轮	54	安装凸轮轴
25	拆下凸轮轴定位油封	55	安装正时皮带轮
26	拆下2号凸轮轴	56	安装水泵总成
27	拆下气缸盖分总成	57	安装进水软管
28	拆下气缸垫	58	安装进水管
29	拆下油底壳分总成	59	安装机油尺导管
30	拆下机油滤清器分总成	60	安装1号发电机支架

续表 6-9

工序	内容	工序	内容
61	安装 1 号发动机吊钩	71	安装曲轴皮带轮
62	安装 2 号发动机吊钩	72	安装曲轴齿轮或皮带轮罩分总成
63	安装曲轴正时皮带轮	73	安装 2 号正时链条或皮带罩
64	安装横置发动机安装支架	74	将 1 号气缸定位在压缩冲程上止点
65	安装 1 号正时皮带惰轮分总成	75	检查气门间隙
66	安装惰轮张紧弹簧	76	调节气门间隙
67	将 1 号气缸定位在压缩冲程上止点	77	安装气门室盖分总成
68	安装正时皮带	78	安装曲轴箱通风阀分总成
69	安装正时皮带导轮	79	安装火花塞
70	安装正时链条或皮带罩分总成		

第 7 章　机械制造工艺学课程设计

7.1　课程设计的目的及内容

7.1.1　课程设计的目的

机械制造工艺学课程设计是在学完机械制造工艺学课程和机械制造生产实习(室外部分)的基础上进行的又一个重要的实践性教学环节。它要求学生全面地综合运用本课程及其有关先修课程的理论和实践知识,进行零件加工工艺规程的设计和机床夹具的设计。

本课程对于设计专业来讲属于技术基础课,但是工艺和设计是机械工程师的"两条腿",缺一不可。通过本课程设计的学习可以对过去所学知识加以综合应用,对生产实习加以总结,使实习中遇到的一些问题上升到理性认识。经过这次训练,可提高学生进行工艺设计和结构设计的能力,为后续专业课的学习和毕业设计以及今后从事机械设备的设计、改造、维修、制造打下一定的工艺基础。通过课程设计的学习使学生在以下几个方面得到锻炼:

(1)熟悉机械制造工艺的基本理论和工艺规程设计的基本原则、步骤和方法,培养学生运用机械制造工艺学及相关课程(金属材料与热处理、机械设计、公差与技术测量等)的知识,结合生产实习中学到的实践知识,独立地分析和解决零件机械加工工艺问题,初步具备设计一个中等复杂程度零件的工艺规程的能力。

(2)初步掌握机械加工中致差原因的分析方法,对工艺问题具有一定的分析问题和解决问题的能力。

(3)掌握机床夹具设计原理,综合运用相关课程(金属材料与热处理、机械原理、机械设计、公差与技术测量等)知识,根据被加工零件的技术要求,拟定夹具设计方案,具有针对不同对象进行夹具设计的初步能力。

(4)学会使用《机械加工工艺人员手册》《机床夹具设计手册》等相关手册及其他有关的机械加工规范、图表等技术资料。

(5)锻炼学生读图、画图、运算和编写技术文件等基本技能。

7.1.2　设计内容

原始资料:产品图纸 1 份(附录 9);产品生产纲领为 50 000 件/年;每日 1 班。
设计题目:××产品的机械加工工艺规程及机床夹具设计。

设计内容:
(1)绘制零件(产品)三维图   1份
(2)绘制被加工零件(产品)毛坯图   1张
(3)编制被加工零件(产品)加工工艺规程卡   1张
(4)编制被加工零件(产品)典型工序加工工序卡   1张
(5)设计并绘制典型工序所需夹具装配图   1张
(6)绘制夹具主要零件图   1套
(7)制作夹具装配体实物   1套
(8)编写课程设计说明书   1份

7.1.3 课程设计说明书所包含内容

作为课程设计说明书,要求学生将自己的设计成果,设计意图、立论根据,用文、图方式加以系统地描述,也是对学生撰写技术性的总结或文件能力的一种具体锻炼。

说明书的重点在于对设计方案进行论证和分析、充分表达设计者在设计过程中考虑各种问题的出发点和最后抉择的依据。此外就是那些难于见诸图纸的有关计算或说明。说明书一般包括以下项目:

(1)目录。
(2)设计任务书。
(3)产品(零件)图及产品概述。
(4)生产纲领的计算和生产批量的确定。
(5)毛坯尺寸的确定及毛坯图的绘制。
(6)定位基准的选择及分析。
(7)加工余量及工艺手段组合。
(8)工序尺寸的确定,工艺尺寸计算。
(9)划分加工阶段,确定工艺过程。
(10)重要工序的工序卡片。
(11)重点工序切削用量的选择。
(12)机动时间的计算及工序时间定额的确定。
(13)重点工序所需夹具原理图(工作循环的简要说明)。
(14)重点工序所需切削力和夹紧力(以及油缸、气缸直径)的计算。
(15)夹具装配三维图及二维图。
(16)夹具装配体制作。
(17)设计心得体会。
(18)附参考资料目录。

7.1.4 课程设计实施方案

机械加工工艺和夹具课程设计工作分为3个阶段:

(1)课程设计准备阶段:明确本课程设计的任务,收集原始资料,有关手册、绘制零件工作图,对零件进行结构工艺性分析。

(2)课程设计进行阶段:选择定位基准、确定各加工表面的加工方法及其加工方案、加工顺序的安排、工艺路线的确定。各工序内容的确定(包括设备及工艺装备的确定、加工余量的确定、工序尺寸的确定、切削用量的确定、工时定额的确定和设备负荷率的确定);机床夹具总体方案设计;夹具实物制作。

(3)课程设计整理答辩阶段:填写零件机械加工工艺卡,编写零件机械加工工艺规程设计说明书,制作答辩 PPT。课程设计答辩,成绩评定。

7.2 机械加工工艺规程的设计方法和步骤

根据零件图样、生产纲领、每日班次等原始资料。在确定了生产类型和生产组织形式之后,即可开始拟订机械加工工艺规程。

1. 读图,进行产品工艺分析,确定生产类型,绘制零件二维图和三维建模

(1)产品概述。要求说明该产品的大致性能、结构、应用范围等;对所要设计的零件进行说明,即该零件在该产品中所起的作用、结构形状及特点、各表面与哪些零件相装配等。

(2)图纸技术要求分析。要求首先看懂图纸,各线条代表的意义,是否多余或遗漏。然后审查各尺寸标注是否完整,公差配合制订是否合理,形状位置公差、表面粗糙度是否合理;通过分析明确加工中的重点和难点;对不好机加工的结构,在满足使用要求的前提下可以进行修改。

(3)计算生产纲领,确定生产类型。按给定的年产量、废品率及备品率计算生产纲领,确定小批、中批或大批生产类型,如表 7-1 所示。

表 7-1 划分生产类型的参考数据表

生产类型	同一种零件的年产量		
	重型零件	中型零件	轻型零件
单件生产	1~5	1~10	1~100
小批生产	5~100	10~200	100~500
中批生产	100~300	200~500	500~5000
大批生产	300~1000	500~5000	5000~50 000
大量生产	1000 以上	5000 以上	50 000 以上

2. 材料、毛坯制造方法的选择及毛坯图的绘制

(1)一般给出的图纸上已经标注了材料牌号,但要分析这种材料有何优缺点,为什么选用此牌号,若无此材料,可选何种材料作代用品?应做哪些热处理?

(2)材料分析完后要选择毛坯制造方法。如选择铸造的方法生产毛坯,要求指出是金属模还是木模,是机器造型还是手工造型,并指出毛坯的分型面选在何处,理由是什么?浇注位置如何选择,理由是什么?

(3)绘制毛坯图时要根据毛坯制造方法查《机械加工工艺人员手册》,查手册前首先阅读手册的说明再查具体数据,铸件毛坯成形条件及成形精度见附录1。

(4)查出各加工面的加工余量,在毛坯图上应清楚地标注毛坯尺寸及尺寸偏差。实体上钻出的孔不必绘出。

(5)绘制毛坯图的步骤如下:①以着重表示零件的总体外形和主要加工面为目的,在简化次要和细节的基础上,绘出工件图;②将确定的毛坯余量叠加在各相应被加工表面上,即得到毛坯轮廓(用粗实线表示),比例为1∶1;③对于由实体上加工出来的槽和孔,则不必在毛坯图上表达;④余量层内均匀打上细××号;⑤在毛坯图上应标出毛坯主要尺寸及公差,标出加工余量的名义尺寸,标明毛坯技术要求,绘图举例如图7-1所示;⑥在毛坯图上标注毛坯技术要求,包括毛坯精度等级,热处理和硬度要求,毛坯表面(特别是预计的定位和夹紧表面)的清理要求,表面质量要求(如是否允许气孔、缩孔、冷隔、夹砂等),毛坯形体之允许错移,铸锻拔模斜度及圆角半径的规定,密封性、裂纹、强度、外观等特殊规定,不加工表面的防锈涂层,是否要在毛坯车间进行荒加工或由毛坯车间提供经加工过的精基准。

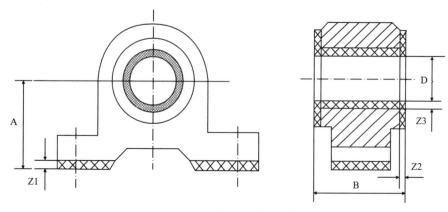

图 7-1 零件毛坯图示意图

3. 工艺路线拟订

应考虑几个加工工艺方案,分析比较后,从中选出比较合理的加工方案。

1)定位基面的选择及分析

要求按照粗、精基准的选择原则确定各表面加工时的定位基准。哪个表面作粗基准,哪些表面作精基准,各工序中定位基准如何转换。要求指出用什么定位元件来实现,分别限制哪些自由度,并在说明书上绘出定位夹紧示意图。

2)选择各表面加工方法,确定加工路线

首先指明总的加工量,即总共有多少面多少孔要加工,然后指明各面的加工量。接着按照先主要表面,后次要表面的原则,根据各表面的加工要求,先选定最终的加工方法,再由此向前确定各准备工序的加工方法。要求指出各种方法加工后的尺寸、尺寸精度、表面粗糙度,通过查手册得到每种加工方法所能达到的经济加工精度。

根据零件的工艺分析、毛坯状态、选定的加工方法及其热处理要求,划分粗加工、半精加工、精加工等不同的加工阶段。根据图纸技术要求,确定怎样划分加工阶段。加工阶段的划分除与技术要求有关外,还与生产类型、生产组织形式有关。各表面加工方法确定之后,应考虑哪些表面的加工适合在一道工序中完成,哪些则应分散在不同工序进行为好,从而可初步确定零件加工工艺过程中的工序总数及内容。从发展角度来看,当前一般按工序集中原则来考虑。

当工艺基准与设计基准重合时可参见下面的例子列出各加工表面的工序尺寸及其公差。

例如:某箱体主轴孔设计 $\phi 100 H7_0^{+0.035}$,Ra 为 $0.4 \sim 0.8$。现在定出加工顺序为:粗镗—半精镗—精镗—浮动镗,试求工序尺寸及其偏差。

解:

(1)查表定工序余量:粗镗:5mm;半精镗 2mm;精镗 0.5mm;浮动镗 0.1mm。

(2)定工序公差。根据各加工方法的经济精度等级查公差值。毛坯 $^{+2}_{-1}$;粗镗精度等级为 IT13,查表公差为 0.54mm;半精镗精度等级为 IT10,查表公差为 0.14mm;精镗精度等级为 IT8,查表公差为 0.054mm;浮动镗精度等级为 IT7,查表公差为 0.035mm。

(3)计算工序尺寸,查出各加工方法的粗糙度,得到:

浮动镗 $\phi 100 H7_0^{+0.035}$,$Ra 0.4 \sim 0.8$;精镗 $\phi 99.9_0^{+0.054}$,$Ra 1.6 \sim 3.2$;
半精镗 $\phi 99.4_0^{+0.14}$,$Ra 3.2 \sim 6.3$;$\phi 97_0^{+0.54}$,$Ra 12.5$;毛坯孔 $\phi 92_{-1}^{+2}$。

3)安排工艺顺序,初拟加工工艺路线

机械加工顺序一般根据先粗后精、先面后孔、先主后次、基面先行、热处理按段穿插、检验按需等原则加以安排。结合已考虑和确定的问题(如基准、各表面加工方法、工序集中与分散、热处理方式、检验、加工阶段划分等),即可初步制订出较完整、合理的零件加工工艺路线。把工艺过程用方框图大致排出程序,这次排加工程序不要求写得很详细,但不得漏掉加工部位。

4)确定满足工序要求的工艺装备(包括机床、夹具、刀具和量具等)

根据生产类型与加工要求,使所选择的机床及工艺装备既能保证加工质量,又经济合理。中批生产条件下,通常采用通用机床加专用工艺装备;大批大量生产条件下,多采用高效专用机床、组合机床流水线、自动线与随行夹具。这时应认真查阅有关手册,应将选定的机床或工装的有关参数记录下来,如机床型号、规格、工作台宽度 T 形槽尺寸,刀具形式、规格与机床连接关系,夹具、专用刀具设计要求与机床连接方式等,为后面填写工艺卡片和夹具(刀具、量具)设计作好必要准备。

5)确定各加工工序的加工余量,计算工序尺寸和公差

采用图表法计算和确定各工序的工序尺寸、公差和加工余量,加工余量一般是经查表后做适当调整得到,工序公差是按加工经济精度查表,也经适当调整后得出的。

6)确定时间定额

可采用查表法或计算法(参阅有关的机械加工工艺手册)。大批大量生产时可利用工时

定额计算公式进行估算,也可以对实际操作时间进行测定和分析得到。

7)工艺信息汇总并填写加工工艺过程卡

最后应订出较详细的机械加工工艺卡。就是把前面的大致工艺过程加上检验、清洗、去毛刺等辅助性工序,成为工艺卡片,见附录2。

8)编制重要工序的加工工序卡

要求对重要工序编出工序卡片,见附录3,含画工序简图,选取切削用量,计算工时定额等。确定加工余量,确定工序尺寸及公差;选择切削用量,在规定的刀具耐用度条件下,使机动时间少、生产率高。应合理选择刀具(材料、几何角度、耐用度等)。在选择切削用量时,首先确定切削深度(现标准称为背吃刀量。粗加工时尽可能等于工序余量);然后根据表面粗糙度要求选择较大的进给量;最后根据切削速度与耐用度或机床功率之间的关系,用计算或查表方法求出相应的切削速度(精加工则主要依据表面质量的要求)。本次设计可参阅有关的机械加工工艺手册采用查表法。

9)画工序简图(图7-2)所需注意事项

(1)简图可按比例缩小,用尽量少的投影视图表达。简图也可以只画出与加工部位有关的局部视图,除加工面、定位面、夹紧面、主要轮廓面外,其余线条均可省略,以必须、明了为度。

(2)被加工表面用粗实线表示,其余均用细实线表示。

(3)应标明本工序的工序尺寸、公差及粗糙度要求。

(4)应以规定的符号标明本工序的定位、夹紧表面。几种常见的定位、夹紧符号可参考附录4。

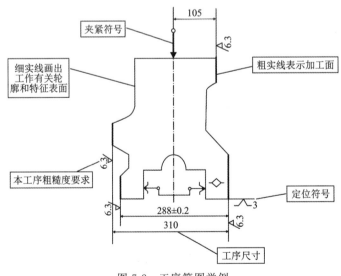

图7-2 工序简图举例

7.3 机床夹具设计的方法及步骤

7.3.1 夹具设计的基本要求

(1) 保证工件的加工精度。工件加工工序的技术要求包括工序尺寸精度、形位精度、表面粗糙度和其他特殊要求。夹具设计首先要保证工件被加工工序的这些质量指标,其关键在于正确地按 6 点定位原则去确定定位方法和定位元件,必要时进行误差的分析和计算。同时,要合理地确定夹紧点和夹紧力,尽量减小因加压、切削、振动所产生的变形。为此,夹具结构要合理,刚性要好。

(2) 提高生产率、降低成本、提高经济性。尽量采用多件多位、快速高效的先进结构,缩短辅助时间,条件和经济许可时,还可采用自动操纵装置,以提高生产效率。在此基础上,要力求结构简单,制造容易,尽量采用标准元件和结构,以缩短设计和制造周期,降低夹具制造成本,提高其经济性。

(3) 操作方便、省力和安全。夹具的操作要尽量使之方便。若有条件,尽可能地采用气动、液压以及其他机械化、自动化的夹紧装置,以减轻劳动强度。同时,要从结构上、控制装置上保证操作的安全,必要时要设计和配备安全防护装置。

(4) 便于排屑。排屑是一个容易被忽视的问题。排屑不畅,将会影响工件定位的正确性和可靠性;同时积屑热量将造成系统的热变形,影响加工质量;清屑要增加辅助时间;聚屑还可能损坏刀具以至造成工伤事故。

(5) 结构工艺性要好。夹具应便于制造、装配、调整、检验和维修,使其工艺性能最好。

总之,设计时,针对具体设计的夹具,结合上述各项基本要求,最好提出几种设计方案进行综合分析和比较,以期达到质量好、效率高、成本低的综合经济效果。

7.3.2 夹具总体方案的确定

1. 夹具设计前准备,研究原始资料

认真研究任务书中提出的设计要求,明确设计任务并收集下列资料:

(1) 零件工作图、毛坯图和工艺规程等技术文件。了解该工序的加工技术要求,定位和夹紧方案,毛坯情况,加工中使用的机床、刀具、检验量具及加工余量和切削用量等。

(2) 了解生产批量和对夹具的需用情况,以确定所采用夹具结构的合理性和经济性。

(3) 了解机床的主要技术参数、规格、安装夹具的有关连接部分的尺寸等。

(4) 了解刀具的主要结构尺寸、制造精度和主要技术条件等。

(5) 收集有关夹具零部件标准(国标、部标、企标、厂标),典型夹具结构、夹具设计资料等。

(6) 了解工厂制造、使用夹具的情况,如有无压缩空气站,工厂制造夹具的能力和经验等。

2. 确定工件的定位方式，设计定位装置，分析定位误差

(1) 首先分析工件中有加工精度要求的尺寸，确定夹具必须限制的自由度。其次分析工件中虽然没标注加工精度要求，但工程中公认应该保证的技术要求，如在圆轴上钻正交孔时，孔中心线应该与轴线正交；键槽两侧面应该与轴线平行且对称等，确定应该限制的自由度；再兼顾工件承受切削力或夹紧力等需要而考虑限制的自由度。最后综合确定出夹具必须限制的自由度，由此选择定位方式。

(2) 根据定位方案，选择定位元件，决定定位元件的尺寸和制造精度，设计定位装置。

(3) 分析和计算定位误差，校核定位误差对加工尺寸误差的影响程度，定位误差应小于工序公差的 1/3。

3. 确定刀具的引导方法，并设计导向元件或对刀装置

根据加工表面的具体情况，合理地选择与确定刀具的对刀或引导方式。确定导向件或对刀装置到定位元件的基本尺寸及其制造精度，如果有数个导向件或对刀件时，应确定其相互位置尺寸及其制造精度。

4. 确定工件的夹紧方式和设计夹紧机构

夹紧机构要操作方便、安全可靠；结构工艺性好，装卸工件方便；自动化程度应与生产批量相适应。应根据计算出的夹紧力乘以安全系数后选择夹紧机构（如各杆件、油缸等）截面的尺寸。

夹紧可以采用手动、气动、液压或其他动力源形式。重点是应考虑夹紧力的大小、方向、作用点以及作用力的传递方式，看是否会破坏定位，是否会造成工件过量变形，是否能满足生产率的要求，典型平面夹紧形式所需夹紧力计算公式见附录 5。

确定夹紧表面、夹紧方式和夹紧装置，选择夹紧力源及其传递方式，对于气动、液压夹具，应考虑气缸或者液压缸的形式、安装位置、活塞杆长度等。为确保夹紧可靠，在设计夹紧机构时，必须注意检查夹紧机构是否具有自锁性能或其他夹紧机构是否锁紧。将几种可供选择的夹紧方式进行分析比较，从中确定出一套最佳的夹紧方案。判断夹紧机构好坏的标准是正确、可靠、迅速、简便、经济。

5. 确定夹具其他组成部分的结构

定位夹紧确定后，还需确定其他元件或机构，如包括定向件、分度装置、输送装置、顶出器等，选择并确定定位件、分度装置的相关尺寸和制造精度，分析其对加工工件精度的影响。

6. 确定夹具体的形式、草绘夹具总图，协调各元件、装置的布局，确定夹具体的总体结构及尺寸

绘制总图时，先要绘制出一些准备性的草图，如主要部分或重要部分的结构详图，各元件的形状和尺寸，元件间的连接方式，标注必要的尺寸、公差配合，并提出要求；确定视图的数

量,剖面位置及布图形式;必要时要做加工精度的分析和估算、夹紧力的估算及分析。

应当指出,由于加工方法、切削刀具、装夹方式千差万别,夹紧力计算有时是没有现成的公式可套用的,需要设计者(或同学们)根据过去已掌握的知识、技能进行分析、研究来确定合理的计算方法,或采用经验类比法,千万不要为了计算而去计算,只要在说明书内阐述清楚这样处理夹紧力的理由即可。在确定夹具结构方案的过程中,应提出几种不同的方案进行比较分析,选取其中最为合理的结构方案。

7. 关键零部件的受力仿真分析

利用力学分析软件对夹具的关键零部件进行受力分析及校核,并根据仿真结果对夹具进行优化设计。

7.3.3 夹具装配图绘制

1. 装配图绘制步骤

总图的绘制是在夹具结构方案草图经过审定之后进行的。夹具装配总图应能清楚地表示出夹具的工作原理和结构、各元件间的相互位置关系及相关轮廓尺寸。主视图应选择夹具在机床上使用时正确安放的位置,并且是工人操作面对的位置。夹紧机构应处于"夹紧"状态下,要正确选择必要的视图、剖面、剖视以及它们的配置。基本步骤如下:

(1)确定图幅,布置视图。夹具总图应按国家制图标准绘制,根据夹具的轮廓尺寸、结构复杂程度和需要的视图、剖面等确定图幅,选择标准型号图纸。图形大小尽量采用1∶1比例,以具有良好的直观性。工件过大时可用1∶2或1∶5的比例,过小时可用2∶1的比例。主视图应选取面对操作者的工作位置。

(2)画出工件外形轮廓。用红色细实线或黑色双点划线画出工件的轮廓和主要表面。主要表面是指定位基准面、夹紧表面和被加工表面。被加工表面的加工余量,可用网纹线或粗实线表示。总装配图上所绘制的工件视为假想的透明体,即工件和夹具的轮廓线互不遮挡,因此它不影响夹具元件的绘制。其目的在于更好地布置其他元件、机构和检查其他活动机构是否与工件发生干涉。

(3)按定位方案画出定位元件。按定位方案画出定位元件时还要结合夹紧方案考虑是否选用辅助支承,必要时按加工位置用细实线或双点划线将刀具画出。定位元件是采用固定式还是伸缩式,应根据生产类型、夹具的自动化程度考虑。若为自动伸缩式应画出相应的机构。

(4)按夹紧状态画出夹紧元件和夹紧机构。夹紧机构设计时应检查它的活动件是否与其他部件发生干涉,夹紧行程是否足够。对空行程较大的夹紧机构,还应用双点画线画出放松位置,以表示和其他部分的关系。

(5)画出其余机构和夹具体。专用机床夹具设计虽然是非标准设计,但应尽量选用标准元件和机构,以缩短设计制造周期,降低成本。对于标准和成套借用的部件,在夹具总图中可只画出其外形轮廓,不必表示内部结构。对于采用气动或液压夹紧机构的夹具,要考虑气缸或油缸的位置,要画出气动或液压控制系统原理图。最后把夹具中各元件、组件和机构连接成一体,绘出夹具体。

(6)标注零件编号及编制零件明细表。在标注零件编号时,标准件可直接标出国家标准号,零件明细表要注明件号、零件名称、材料、数量及标准代号等。

2. 夹具装配图应标注的尺寸和公差

夹具总装配图上尺寸、公差配合和技术要求的标注是夹具设计过程中一项重要内容。因为它们与夹具的制造、装配、检验及安装有着密切的关系,直接影响夹具的制造难度和经济效益,所以必须予以合理标注。

(1)夹具总装配图上应标注的尺寸如表7-2所示。

表7-2 夹具总装配图上应标注的尺寸

尺寸类型	相关说明
夹具外形的最大轮廓尺寸	长、宽、高尺寸(不包含被加工工件、定位键),当夹具结构中有可动部分时,应包括可动部分处于极限位置时在空间所占的尺寸,便于检查夹具与机床、刀具的相对位置有无干涉现象和在机床上安装的可能性
工件与定位元件的联系尺寸	定位元件与工件定位基准的配合尺寸和公差;常指工件以孔在心轴或定位销上(或工件以外圆在内孔中)定位时,工件定位表面与夹具上定位元件间的配合尺寸,如工件基准孔与夹具定位销的配合尺寸
夹具与刀具的联系尺寸	这类确定夹具上对刀、引导元件对定位元件的位置,如铣、刨床夹具是指对刀块与定位元件间的位置尺寸及塞尺尺寸;对于钻、镗床夹具是指钻(镗)套与定位元件间的位置尺寸、钻(镗)套之间的位置尺寸,以及钻(镗)套与刀具导向部分的配合尺寸等
夹具与机床的联系尺寸	用于确定夹具在机床上正确位置的尺寸,如车夹具与车床主轴端部圆柱面配合的配合尺寸;铣夹具中定位键与铣床"T"形槽的配合尺寸
其他装配尺寸	其他夹具内部的联系尺寸及关键件配合尺寸,如定位元件间的位置尺寸、定位元件与夹具体的配合尺寸等

(2)夹具的有关尺寸公差标注。夹具的有关尺寸公差和形位公差通常取工件上相应公差的1/5～1/3,最常用的是1/3。当工序尺寸公差是未注公差时,夹具上的尺寸公差取±0.1mm(或±10′),或根据具体情况确定。表7-3列出了常用机床夹具的公差与被加工工件公差的关系,按此比例可选取夹具公差,供设计时参考。

表7-3 按工件公差选取夹具公差

夹具类型	工件被加工尺的公差/mm				
	0.03～0.10	0.11～0.20	0.21～0.30	0.31～0.50	自由尺寸
车床夹具	1/4	1/4	1/5	1/5	1/5
钻床夹具	1/3	1/3	1/4	1/4	1/5
镗床夹具	1/2	1/2	1/3	1/3	1/5

(3)夹具的有关形位公差标注。主要指的是定位元件间的位置精度要求;定位元件与夹具安装面、定位元件与对刀引导元件之间的相互位置精度要求;引导元件之间的相互位置精度要求;定位元件或引导元件对夹具找正基面的位置精度要求;与保证夹具装配精度有关的或与检验方法有关的特殊技术要求。夹具中常用的定位元件的典型配合见附录6。

一般情况下,定位元件工作表面对定位键的平行度或垂直度小于等于0.02mm,对夹具体底面的平行度或垂直度小于等于0.02:100;钻套轴线对夹具体底面的同轴度小于等于0.02:100,镗模前、后镗套的同轴度小于等于0.02mm,对刀块工作表面对定位元件表面的平行度或垂直度小于等于0.03:100;对刀块工作表面对定位键侧面的平行度或垂直度小于等于0.03:100;车、磨夹具的找正基面对其回转中心的径向跳动小于等于0.02mm。

(4)夹具总图上技术要求标注。为了保证夹具制造和装配后达到设计规定的精度要求,在设计图上除了直接标注尺寸公差和形位公差之外,夹具总图上无法用符号标注而又必须说明的问题,可作为技术要求用文字写在总图上,习惯上把用文字说明的夹具精度要求统称为技术条件,典型技术条件数据如表7-4所示。主要内容有:

(1)夹具的装配、调整方法。如几个支承钉应装配后修磨达到等高,装配时调整某元件或临床修磨某元件的定位表面等,以保证夹具精度。

(2)某些零件的重要表面应一起加工,如一起镗孔、一起磨削等。

(3)工艺孔的设置和检测。

(4)夹具使用时的操作顺序。

表7-4 夹具技术条件数值

技术条件	参考数值/mm
同一平面上的支承钉或支承板的等高公差	不大于0.02
定位元件工作表面对定位键槽侧面的平行度或垂直度	不大于0.02:100
定位元件工作表面对夹具体底面的平行度或垂直度	不大于0.02:100
钻套轴线对夹具体底面的垂直度	不大于0.05:100
镗模前后镗套的同轴度	不大于0.02
对刀块工作表面对定位元件工作表面的平行度或垂直度	不大于0.03:100
对刀块工作表面对定位键槽侧面的平行度或垂直度	不大于0.03:100
车、磨夹具的找正基面对其回转中心的径向圆跳动	不大于0.02

7.3.4 夹具总体设计中应注意的问题

在夹具总体设计过程中,除了标注尺寸公差和技术条件外,还必须注意总体结构是否合理,是否能满足夹具工作的需要。

(1)由于工件尺寸误差的影响,压板(浮动V形块)的两个"V"形槽一时不能与两个工件同时接触良好,于是自行浮动调位。从而就会拨动首先接触的那个工件,破坏工件的正确位置,如图7-3(a)所示。

(2) 运动零部件的正常运动能否达到预期的运动要求。如图 7-3 中所示,由于没有给摇臂的端部和工件的槽内留出足够的间隙,使摇臂 1 不能在图示的位置再继续按箭头方向运动[图 7-3(b)没有考虑足够的间隙]。

(3) 夹紧元件放松位置与刀具发生干涉,如图 7-3(c)所示。

(4) 采用浮动支撑时,随着切削过程的进行,切削力位置随走刀运动不断移动,而使得工件随浮动支撑两边摆动,而使得加工面无法得到预期的平面,如图 7-3(d)所示。

(5) 没有预留夹具装配或工件装卸时常用工具所需的操作空间。

(6) 技术要求给定不合理(不得要领;要求过高;相互矛盾或实属多余;技术要求本身无法检查等)。

(7) 附录 7 和附录 8 给出了夹具设计中容易出现的错误。

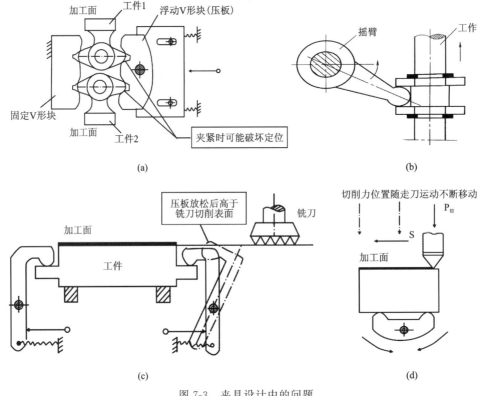

图 7-3 夹具设计中的问题

7.3.5 夹具零件图绘制

按照最终确定的夹具结构总图,绘出除了标准件以外的夹具零件。机床夹具常用的已标准化的零件及部件可以参阅相关标准;其技术要求可参阅《机床夹具零件及部件技术条件》(JB/T 8044—1999)。

根据已绘制的装配图绘制专用零件图,绘制 1 个关键的、非标准的夹具零件,如夹具体等。具体要求如下:

(1) 零件图的投影应尽量与总图上的投影位置相符合,便于读图和核对。
(2) 尺寸标注应完整、清楚,避免漏注,既便于读图,又便于加工。
(3) 应将该零件的形状、尺寸、相互位置精度、表面粗糙度、材料、热处理及表面处理要求等完整地表示出来。
(4) 同一工种加工表面的尺寸应尽量集中标注。
(5) 对于可在装配后用组合加工来保证的尺寸,应在其尺寸数值后注"按总图"字样,如钻套之间、定位销之间的尺寸等。
(6) 要注意选择设计基准和工艺基准。
(7) 某些要求不高的形位公差由加工方法自行保证,可省略不注。
(8) 为便于加工,尺寸应尽量按加工顺序标注,以免进行尺寸换算。

对于夹具上的专用零件,其结构、材料、尺寸、公差和技术要求可依据夹具总图上确定的大小、形状、配合性质和技术要求确定,并参照标准化零件及部件的各项标准和要求进行绘制。夹具主要零件常用的材料和热处理要求如表 7-5 所示。

表 7-5 主要零件常用的材料和热处理技术要求

零件种类	零件名称	材料	热处理要求
壳体零件	夹具体及形状复杂的壳体	HT200	时效
	焊接件	Q235	时效
	花盘和车床夹具体	HT300	时效
定位件	定位心轴	$D \leqslant 35mm$:T8A $D > 35mm$:45	淬火:55～60HRC 淬火:43～48HRC
	斜楔	20	渗碳、淬火、回火:54～60HRC 渗碳深度:0.8～1.2mm
	各种形状的压板	45	淬火、回火:40 4SHRC
	卡爪	20	渗碳、淬火、回火:54～60HRC 渗碳深度:0.8～1.2mm
夹紧件	钳口	20	渗碳、淬火、回火:54～60HRC 渗碳深度:0.8～1.2mm
	虎钳丝杆	45	淬火、回火:35～40HRC
	切向夹紧用螺栓和衬套	45	调质:225～255HBS
	弹簧夹头心轴用螺母	45	淬火、回火:35～40HRC
	弹性夹头	65Mn	夹头部分淬火、回火:56～61HRC 弹性部分淬火:43～48HRC

续表 7-5

零件种类	零件名称	材料	热处理要求
其他零件	分度盘	20	渗碳、淬火、回火：54～60HRC 渗碳深度：0.8～1.2mm
	靠模、凸轮	20	渗碳、淬火、回火：54～60HRC 渗碳深度：0.8～1.2mrn
	活动零件用导板	45	淬火、回火：35～40HRC
	低速运转的轴承衬套和轴瓦	ZQSn6-6-3	
	高速运转的轴承衬套和轴瓦	ZQPb12-8	

7.3.6 夹具体设计

1. 夹具体毛坯的结构及类型

为了满足不同的机床和工件加工的需要，夹具结构千变万化，从而使得夹具结构难以实现标准化，但其基本结构形式多为如图 7-4 所示的三大类，即开式结构、半开式结构和框式结构。

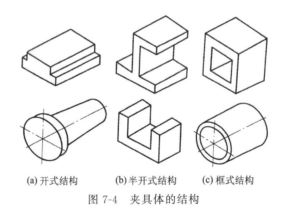

(a) 开式结构　　(b) 半开式结构　　(c) 框式结构

图 7-4　夹具体的结构

同时根据制造方法的不同，夹具体毛坯可分为以下几类：

(1) 铸造夹具体。铸造夹具体如图 7-5(a) 所示，其优点是可铸出各种复杂形状的结构，其优点是可铸出各种复杂形状的结构，其工艺性好，并且具有较好的抗压强度、刚度和抗震性，但其生产周期长，需经时效处理，以消除内应力，因而成本较高。常用材料为灰铸铁（如 HT200）；要求高时用铸钢（如 ZG270－500）；要求重量轻时用铸铝（如 ZL104）。

(2) 焊接夹具体。焊接夹具体如图 7-5(b) 所示，由钢板、型材焊接而成。其优点是制造方便、生产周期短、成本低、重量轻。但焊接式夹具体的热应力较大，易变形，需经退火处理，以保证夹具体尺寸的稳定性，且难以获得复杂形状的结构。

(3) 锻造夹具体。锻造夹具体如图 7-5(c) 所示，适用于形状简单、尺寸不大，要求强度和刚度大的场合,锻造后酌情采用调质、正火或回火处理,此类夹具应用较少。

(4)装配夹具体。装配夹具体如图 7-5(d)所示,由标准的毛坯件、零件及个别非标准件,通过螺钉、销钉连接组装而成,其优点是制造成本低、周期短、精度稳定,有利于标准化和系列化。

此外,还有型材夹具体。小型夹具体可以直接用板料、棒料、管料等型材加工装配而成,这类夹具体取材方便、生产周期短、成本低、重量轻。

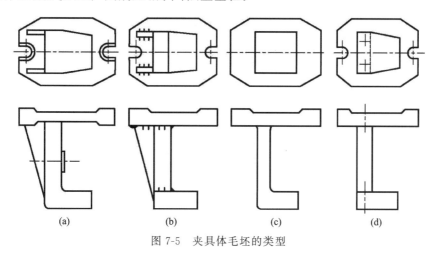

图 7-5 夹具体毛坯的类型

2. 夹具体外形尺寸的确定

夹具体属单件小批量生产,为缩短设计和制造周期,减少设计和制造费用,夹具体设计一般不作复杂的计算,通常都是参照类似的夹具结构,按经验类比法估计确定。实际上,在绘制夹具总图时,根据工件、定位元件、夹紧装置、刀具位置找正与引导元件以及其他辅助机构和装置在总体上的配置时,夹具体的外形尺寸便已大体确定。表 7-6 列举了一些结构尺寸的经验数据,附录 7 给出了常见的夹具体结构正误分析,供设计时参考。

表 7-6 夹具体结构尺寸的经验数据

夹具体结构部位	经验数据	
	铸造结构	焊接结构
夹具体壁厚 h	8~25mm	6~10mm
夹具体加强肋厚度	(0.7~0.9)h	
夹具体加强肋高度	≤5h	
夹具体上不加工的毛面与工件表面之间的间隙	夹具体是毛面,工件也是毛面时,取 8~15mm; 夹具体是毛面,工件是光面时,取 4~10mm	

7.4　机床夹具的制作

根据设计好的夹具装配图和零件图,利用常见的加工方法或者 3D 打印技术完成夹具整体的实物制作,尽量采用非金属材料如亚克力板、3D 打印材料等完成,同时为了节省制作费用,夹具体采用适当比例进行加工,定位元件、夹紧装置、刀具位置找正与引导元件以及其他辅助机构和装置应按图纸以适当比例进行加工完成和装配,由于夹具体外形尺寸一般较大,而定位元件等外形尺寸较小,因此在加工时为了反映定位元件、夹紧元件等结构,夹具体和其他定位元件等可以采用不同比例进行缩放加工和装配,制作完成后的夹具能实现夹紧和松开等动作。

参考文献

卞洪元,2013.金属工艺学[M].北京:北京理工大学出版社.
陈爱华,2019.机床夹具设计[M].北京:机械工业出版社.
陈宏钧,2013.金属切削工艺技术手册[M].北京:机械工业出版社.
陈宏钧,2016.实用机械加工工艺手册[M].4版.北京:机械工业出版社.
邓文英,宋力宏,2017.金属工艺学(上、下)[M].6版.北京:高等教育出版社.
樊自田,2018.材料成形装备及自动化[M].北京:机械工业出版社.
樊自田,蒋文明,魏青松,等,2019.先进金属材料成形技术及理论[M].武汉:华中科技大学出版社.
何庆,李郁,2012.机床夹具设计教程[M].北京:电子工业出版社.
柯建宏,2017.机械制造技术基础课程设计[M].武汉:华中科技大学出版社.
李艾民,王启广,2020.机械工程生产实习教程[M].徐州:中国矿业大学出版社.
李名望,2009.机床夹具设计实例教程[M].北京:化学工业出版社.
李益民,2013.机械制造工艺设计简明手册[M].北京:机械工业出版社.
马树奇,2005.机械加工工艺基础[M].北京:北京理工大学出版社.
童幸生,2002.材料成形及机械制造工艺基础[M].武汉:华中科技大学出版社.
万宏强,2013.机械制造工程学课程设计指导教程[M].西安:西北工业大学出版社.
王栋,2010.机械制造工艺学课程设计指导书[M].北京:机械工业出版社.
王先逵,2019.机械制造工艺学[M].4版.北京:机械工业出版社
张建华,2003.精密与特种加工技术[M].北京:机械工业出版社.
朱耀祥,浦林祥,2009.现代夹具设计手册[M].北京:机械工业出版社.

附录1 铸件毛坯成形条件及成形精度

从减少机械加工工作量和节约金属材料出发,毛坯本应尽可能地接近零件的最终形状,但由于铸锻工艺本身的限制(如泥芯的安放、分型面的选择、模具的制造等),这一要求在多数情况下无法实现。它主要表现在那些小尺寸的孔、槽、凹坑等表面很难或甚至无法在毛坯上预制出来,再加上必要的拔模斜度等因素,就导致了毛坯和零件形状的差异。最小铸造成形尺寸如下表所示,槽、凹坑等几何形状可借用方、矩形孔尺寸(附表1-1~附表1-3)。

附表1-1 铸件最小孔径尺寸

铸造方法	成批生产	单件生产
砂型铸造	15~30mm	30~50mm
金属型铸造	10~20mm	—
压力铸造及熔模铸造	5~10mm	—

附表1-2 成批和大量生产铸件的尺寸公差等级(GB/T6414—1999摘录)

方法	公差等级CT							
	铸件材料							
	钢	灰铸铁	球墨铸铁	可锻铸铁	铜合金	轻金属合金	镍基合金	钴基合金
砂型铸造手工造型	11~14	11~14	11~14	11~14	10~13	9~12	11~14	11~14
砂型铸造机器造型	8~12	8~12	8~12	8~12	8~10	7~9	8~12	8~12
金属型铸造	—	8~10	8~10	8~10	8~10	7~9	—	—
压力铸造	—	—	—	—	6~8	4~7	—	—

附表1-3 铸件尺寸公差值(GB/T6414—1999摘录)

铸件毛坯基本尺寸/mm		铸件尺寸公差等级												
大于	至	1	2	3	4	5	6	7	8	9	10	11	12	13	14
—	10	0.09	0.13	0.18	0.26	0.36	0.52	0.74	1	1.5	2	2.8	4.2	—	—
10	16	0.1	0.14	0.2	0.28	0.38	0.54	0.78	1.1	1.6	2.2	3.0	4.4	—	—
16	25	0.11	0.15	0.22	0.30	0.42	0.58	0.82	1.2	1.7	2.4	3.2	4.6	6	8
25	40	0.12	0.17	0.24	0.32	0.46	0.64	0.9	1.3	1.8	2.6	3.6	5	7	9
40	63	0.13	0.18	0.26	0.36	0.50	0.70	1	1.4	2	2.8	4	5.6	8	10
63	100	0.14	0.20	0.28	0.40	0.56	0.78	1.1	1.6	2.2	3.2	4.4	6	9	11
100	160	0.15	0.22	0.30	0.44	0.62	0.88	1.2	1.8	2.5	3.6	5	7	10	12
160	250	—	0.24	0.34	0.50	0.72	1	1.4	2	2.8	4	5.6	8	11	14
250	400	—	—	0.40	0.56	0.78	1.1	1.6	2.2	3.2	4.4	6.2	9	12	16
400	630	—	—	—	0.64	0.9	1.2	1.8	2.6	3.6	5	7	10	14	18
630	1000	—	—	—	—	0.72	1	1.4	2	2.8	4	6	8	11	16	20
1000	1600	—	—	—	—	0.80	1.1	1.6	2.2	3.2	4.6	7	9	13	18	23
1600	2500	—	—	—	—	—	—	2.6	3.8	5.4	8	10	15	21	26
2500	4000	—	—	—	—	—	—	—	4.4	6.2	9	12	17	24	30
4000	6300	—	—	—	—	—	—	—	—	7	10	14	20	28	35

附录 2 机械加工工艺过程卡

机械加工工艺过程卡见附表 2-1。

附表 2-1 机械加工工艺过程卡

	机械加工工艺过程卡片	产品型号		零件图号				共 页	第 页
		产品名称	(3)	零件名称	(4)				
材料编号 (1)	毛坯种类 (2)	毛坯外形尺寸 (5)	每毛坯可制件数 (6)	每台件数 (7)		备注 (8)			
工序号	工序名称	工序内容	车间	工段	设备	工艺装备	每台件数	工时	
								准结	单件
(7)	(8)	(10)	(10)	(11)	(12)	(13)		(14)	(15)

				设计(日期)	审核(日期)	标准化(日期)	会签(日期)
描图							
描校							
底图号							
装订号							
标记	处数	更改文件号	签字	日期	标记	处数	更改文件号	签字	日期

机械加工工艺过程卡片各空格的填写内容:(1)材料牌号按产品图样要求填写;(2)毛坯种类填写铸件、锻件、条钢、板钢等;(3)进入加工前的毛坯外形尺寸;(4)每一毛坯可制零件数;(5)每台件数按产品图样要求填写;(6)备注可根据需要填写;(7)工序号;(8)各工序名称;(9)工序内容和主要技术要求、工序中的外协工序也要填写,但只写工序名称和主要技术要求,如热处理的硬度和变形要求,配钻时,或根据工艺需要装配时配做;配钻时,应在配作前的最后工序另起一行注明,如"×x孔与xx件装配时配钻","xx部位与xx件装配加工"等;(10)填写xx车间和工段的代号或简称;(12)设备按工艺规程工艺规程填写的基本要求填写;(13)工艺装备按工艺规程填写的基本要求填写;(14)、(15)填写准备与终结时间和单件时间定额。

附录3　机械加工工序卡

机械加工工序卡见附表3-1。

附表3-1　机械加工工序卡

机械加工工序卡片各空格的填写内容:(1)执行该工序的车间名称或代号;(2)~(8)按格式9中的相应项目填写;(9)~(11)该工序所用的设备,按工艺规程填写的基本要求填写;(12)在机床上同时加工的件数;(13)、(14)该工序需使用的各种夹具名称和编号;(15)该工序使用的各种工位器具的名称和编号;(16)、(17)机床所用切削液的名称和牌号;(18)、(19)工序工时的准终、单件时间;(20)工步号;(21)各工步内容。加工内容各主要技术要求;(22)各工步所需用的模具、刀具、量具,可按工艺规程填写的基本要求填写;(23)~(27)切削规范,一般工序可不填,重要工序可根据需要填写;(28)、(29)填写本工序机动时间和辅助时间定额。

附录4 常用定位夹紧示意符号

常用定位夹紧示意符号见附表4-1。

附表4-1 常用定位夹紧示意符号

序号	示意对象	示意符号	注释
1	固定支承 ①从侧面看 ②从正面看		(1)例：端面、底面、侧面 (2)可用2,3,4,5数字脚标表示所约束的自由度数 表示约束1个自由度（脚标1省略），表示约束2个自由度，表示约束3个自由度 (3)不同方位时脚标的写法为(以 $\wedge_2$ 为例)
2	可调固定支承 ①从侧面看 ②从正面看		(1)标注及脚标使用规则同上； (2)多数情况下并非6个自由度均用可调支承约束，而只是部分采用可调支承。如： 可调固定支承(1个) 可调固定支承(1个)
3	辅助支承 ①从侧面看 ②从正面看		例： 辅助支承 辅助支承
4	浮动支承 ①从侧面看 ②从正面看		例： 浮动支承 浮动支承

续附表 4-1

序号	示意对象	示意符号	注释
5	夹紧力（及夹紧方向） ①平行于纸面夹向箭头所示方向 ②垂直于纸面夹向纸面 ③垂直于纸面向外夹紧 ④当夹紧力多于1个时，用1,2,3……侧标表示施加顺序	(箭头、⊗、⊙符号)	(示意图①②③④)
6	联动夹紧	(联动符号)	(示意图)
7	定位兼夹紧	(V形符号)	相当于一个可胀短销；可胀长销或心轴；如三爪卡盘
8	联动定位兼夹紧	(符号)	例1：联动定位兼夹紧(约束2个自由度) 序号1表示动作顺序 2表动作顺序(即定位兼夹紧机构一对中机构动作完毕后再施加主夹紧力) 例2：

附录 5　典型平面夹紧形式实际所需夹紧力（或原始作用力）的计算公式

实际所需夹紧力的计算是一个很复杂的问题，一般只作粗略估算。为了简化计算，设计夹紧装置时，可只考虑切削力（矩）对夹紧的影响，并假定工艺系统是刚性的，切削过程稳定不变（附表 5-1，附表 5-2）。

附表 5-1　典型平面夹紧形式所需夹紧力简图及计算公式

夹紧形式		计算简图	计算公式
工件以平面定位	夹紧力与切削力方向一致		$W_k = P$ 当其他切削分力较小时，仅需较小的夹紧力来防止工件在加工过程中产生振动和转动
	夹紧力与切削力方向相反		$W_k = KF$ 式中 W_k 为实际所需夹紧力，F 为切削力，K 为安全系数
	夹紧力与切削力方向垂直		$W_k = \dfrac{KF}{\mu_1 + \mu_2}$ 式中 μ_1 为夹紧元件与工件间的摩擦因数，μ_2 为工件与夹具支承面间的摩擦因数（参见摩擦因数表）
			$W_k = \dfrac{KFL}{\mu_1 H + l}$

续附表 5-1

夹紧形式		计算简图	计算公式
工件以平面定位	工件多面同时受力	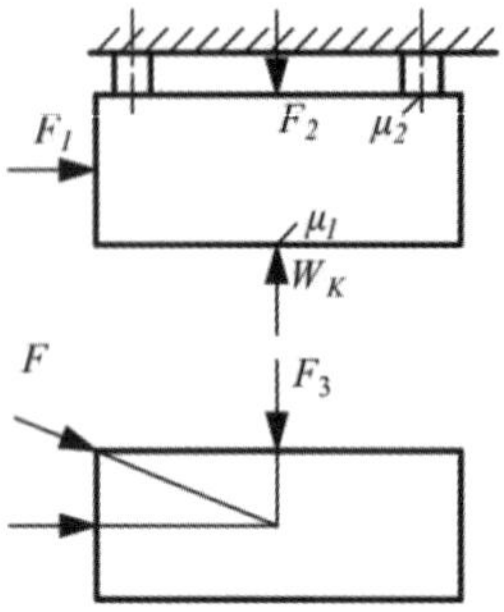	$W_k = \dfrac{K(F + F_2\mu_2)}{\mu_1 + \mu_2} = \dfrac{K(\sqrt{F_1^2 + F_3^2} + F_2\mu_2)}{\mu_1 + \mu_2}$
工件以两垂直面定位	侧面夹紧	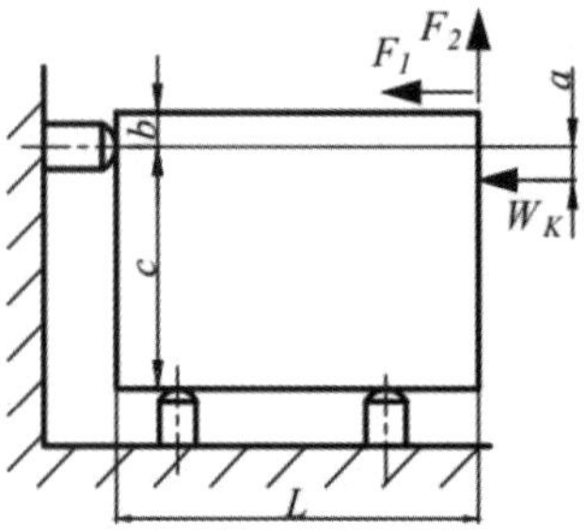	$W_k = \dfrac{K[F_2(L + c\mu) + F_1 b]}{c\mu + L\mu + a}$

附表 5-2 摩擦因数表

摩擦条件		μ
工件为加工过的表面		0.16
工件为未加工过的毛坯表面(铸、锻件),固定支承为球面		0.2～0.25
夹紧元件和支承表面有齿纹,并在较大的相互作用下工作		0.7
用卡盘或弹簧夹头夹紧,其卡爪类型	光滑表面	0.16～0.18
	沟槽与切削力方向一致	0.3～0.4
	沟槽相互垂直	0.4～0.5
	齿纹表面	0.7～1.0

附录 6　夹具中常用的定位元件的典型配合

夹具中常用的定位元件的典型配合表见附表 6-1。

附录 6-1　夹具中常用的定位元件的典型配合

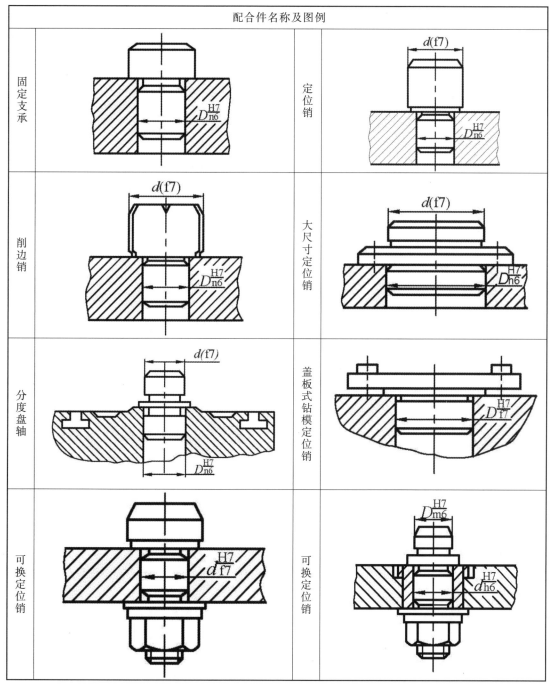

附录7　夹具体结构正误分析

夹具体结构正误分析见附表 7-1。

附表 7-1　夹具体结构正误分析

不合理		合理	
	A 处边狭，不易刮平，定位差		A 处增加向内或向外的底边
	B 处强度不好		B 处两侧增加侧边，强度增加
	销钉受力后，C 处易裂		C 处外壁增加搭子
	D 处壁厚，笨重，T 型槽强度差		D 处增搭子，壁厚减薄，强度好
	E 处壁过厚，浪费材料		E 处增搭子，壁厚减薄
	G 处太厚，铸件不易冷却，造成缩孔和大内应力		G 处厚薄均匀，铸件冷却一致
	H 处全加工，费料、费时		顶面做成 3~5mm 凸台，底面挖空，减少加工面积，提高加工精度

附录 8　夹具体中容易出现的错误

夹具体中容易出现的错误见附表 8-1。

附表 8-1　夹具体中容易出现的错误

项目	正确	错误	说明
定位销在夹具体上的定位和连接			定位销本身的位置误差太大,因为螺纹起不到定心的作用
螺纹连接			被连接件应为光孔,两者都有螺纹将无法拧紧
可调支承			要有锁紧螺母,且应有扳手孔、面或槽
摆动压块			压杆应能装入,且当压杆上升时摆动压块不得脱落
加强筋的设置			加强筋应尽量放在使之承受压应力的方向
铸造结构			夹具体铸件应厚薄均匀
削边销安装方向			削边销长轴方向应处于两孔连心线的垂直方向上

附录9　课程设计产品图

　　附录9为4套产品设计图纸(附图9-1～附图9-4),每一套图纸包括箱盖和箱体两张图纸。其中,附图9-1为圆柱齿轮减速器设计图(9和10),附图9-2为蜗杆减速器设计图(67和68),附图9-3为圆锥齿轮减速器设计图(71和72),附图9-4为减速器设计图(76和77)。